普通高等教育"十三五"规划教材

Creo3.0 机械零件设计教程

魏晓波　赵连花　主编

刘　波　徐　飞　杨俊哲　温玉石　参编

U0264392

中国石化出版社

内 容 提 要

《Creo3.0 机械零件设计教程》是以我国高等教育本科院校机械类学生为对象而编写的"十三五"规划教材",是以 Creo Parametric 3.0 软件应用为基础,通过机械设计、产品设计、工程图设计、装配设计案例,向读者详细讲解了软件的功能命令与工程应用。全书共分为 10 章,详细介绍了 PTC Creo Parametric 3.0 概述、二维草图的绘制、二维草图的编辑、基准特征的创建、基础特征的创建、工程特征的创建、特征的编辑、曲面特征建模、零件装配、工程图等专业知识。在案例设计过程中,穿插了千斤顶设计与装配的知识,让读者更加系统全面地学习。

本书可以作为高校相应课程教材或参考书,也可作为工程技术人员的 Creo3.0 快速自学教程。

图书在版编目(CIP)数据

Creo3.0 机械零件设计教程/魏晓波,赵连花主编.
—北京:中国石化出版社,2017.7
普通高等教育"十三五"规划教材
ISBN 978 - 7 - 5114 - 4574 - 2

Ⅰ.①C… Ⅱ.①魏… ②赵… Ⅲ.①机械元件-计算机辅助设计-应用软件-高等学校-教材 Ⅳ.①TH13 - 39

中国版本图书馆 CIP 数据核字(2017)第 175548 号

中国石化出版社出版发行
地址:北京市朝阳区吉市口路 9 号
邮编:100020 电话:(010)59964500
发行部电话:(010)59964526
http://www.sinopec-press.com
E-mail:press@ sinopec.com
北京科信印刷有限公司印刷
全国各地新华书店经销
*
787×1092 毫米 16 开本 19.5 印张 421 千字
2017 年 9 月第 1 版 2017 年 9 月第 1 次印刷
定价:40.00 元

前　　言

Creo 是美国 PTC 公司于 2010 年 10 月推出 CAD 设计软件包。Creo 是整合了 Pro/Engineer 的参数化技术、CoCreate 的直接建模技术和 ProductView 的三维可视化技术的新型 CAD 设计软件包。Creo 针对不同的任务应用将采用更为简单化子应用的方式，所有子应用采用统一的文件格式。Creo 目的在于解决 CAD 系统难用及多 CAD 系统数据共用等问题。Creo 具备互操作性、开放、易用三大特点。Creo 1.0 于 2011 年 9 月发布，Creo 2.0 于 2012 年 4 月发布，Creo 3.0 于 2014 年 3 月发布。

本书是以 Creo Parametric 3.0 软件应用为基础，通过实用、易理解、操作性强的机械设计，产品设计，工程图设计，装配设计案例，向读者详细讲解了软件的功能命令与工程应用知识。全书共分为 10 章，详细介绍了 PTC Creo Parametric 3.0 概述、二维草图的绘制、二维草图的编辑、基准特征的创建、基础特征的创建、工程特征的创建、特征的编辑、曲面特征建模、零件装配、工程图等专业知识。在案例设计过程中，穿插了千斤顶设计与装配的知识，让读者更加系统全面地学习。

本书可以作为高校相应课程教材或参考书，也可作为工程技术人员的 Creo3.0 快速自学教程。

本书由沈阳工业大学化工装备学院的魏晓波和赵连花主编。参加编写的还有刘波、徐飞、杨俊哲、温玉石等多位一线教学老师。魏晓波编写了第 4 章、第 5 章、第 6 章，赵连花编写了第 1 章、第 8 章和第 9 章，刘波编写了第 7 章，徐飞编写了第 10 章，杨俊哲编写了第 2 章，温玉石编写了第 3 章。其余参加核稿校对工作的人员还有司宝、罗忠鹏、付明达、铁泽森、柏根源等，在这一并表示感谢！

本书在编写过程中，中石油辽阳分公司的翟英明、刘柏军高级工程师提出的宝贵建议和意见，使本教材更加贴近工程实际，在此对他们表示衷心感谢！

由于作者水平有限，本书虽经多次校对，如有疏漏之处，恳请广大读者予以指正。

目　　录

第1章 PTC Creo Parametric 3.0 概述

本章将介绍的内容如下：

（1）启动 PTC Creo Parametric 3.0 的方法。

（2）PTC Creo Parametric 3.0 工作界面介绍。

（3）模型的操作。

（4）文件的管理。

（5）退出 PTC Creo Parametric 3.0 的方法。

1.1　启动 PTC Creo Parametric 3.0 的方法

启动 PTC Creo Parametric 3.0 有下列两种方法：

（1）双击桌面上 PTC Creo Parametric 3.0 快捷方式图标；

（2）单击任务栏上的【开始】｜【所有程序】｜【PTC Creo】｜【PTC Creo Parametric 3.0】。

1.2　PTC Creo Parametric 3.0 工作界面介绍

PTC Creo Parametric 3.0 工作界面主要由"快速访问工具栏"、"标题栏"、"菜单栏"、"导航栏"、"视图控制工具栏"、"绘图区"、"信息栏"和"过滤器"等组成，如图 1-1 所示。

1.2.1　快速访问工具栏

快速访问工具栏位于主界面的顶部左端，包含了新建、打开、保存等一些常用命令。用户可以根据需要，重新定义快速访问工具栏的显示内容。

1.2.2　标题栏

标题栏位于主界面的顶部中间，用于显示当前正在运行的 PTC Creo Parametric 3.0 的应用程序名称和打开的文件名等信息。

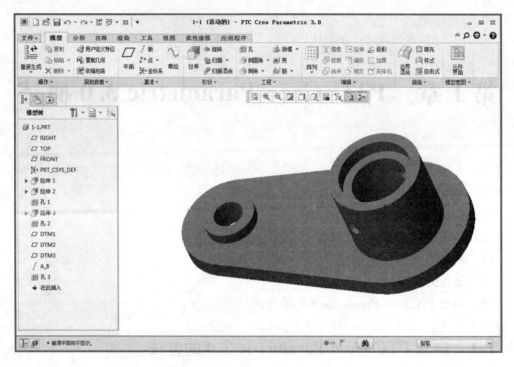

图 1-1　PTC Creo Parametric 3.0 工作界面

1.2.3　菜单栏

菜单栏位于快速访问工具栏的下方，默认共有 9 个菜单项，包括【文件】、【模型】、【分析】、【注释】、【渲染】、【工具】、【视图】、【柔性建模】和【应用程序】。单击菜单项将打开对应的界面，显示其包含的 PTC Creo Parametric 3.0 操作命令。

1.2.4　视图控制工具栏

视图控制工具栏是 PTC Creo Parametric 3.0 为用户提供的一种调用命令的方式。单击视图控制工具栏内的图标按钮，即可执行该图标按钮对应的 PTC Creo Parametric 3.0 命令。在调用不同的命令时（如拉伸和草绘等），视图控制工具栏内的图标按钮会有所不同。

1.2.5　导航栏

导航栏位于绘图区的左侧，在导航栏顶部依次排列着【模型树】、【文件夹浏览器】和【收藏夹】三个选项卡。单击【模型树】选项卡可以切换到如图 1-2 所示面板。模型树以树状结构，按创建的顺序显示当前活动模型所包含的特征或零件，可以利用模型树选择要编辑、排序或重定义的特征。

1.2.6　绘图区及背景颜色改变

绘图区是界面中间的空白区域，用户可以在该区域绘制、编辑和显示模型。单击菜单

2

栏中的【文件】｜【选项】命令，弹出【PTC Creo Parametric 选项】对话框，单击左侧列表中【系统颜色】，出现更改系统颜色界面，如图1-3所示。界面中单击下拉菜单可以选择默认、深色背景、白底黑色或自定义的绘图区背景颜色。

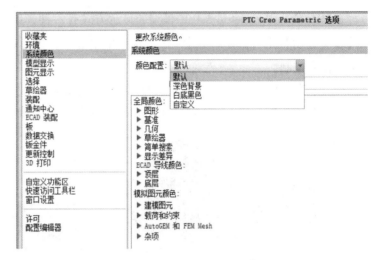

图1-2　【模型树】面板　　　　　图1-3　【PTC Creo Parametric 选项】对话框

1.2.7　信息栏

信息栏位于导航栏的下方，工作界面的左下方，显示当前窗口中操作的相关信息与提示，如图1-4所示。

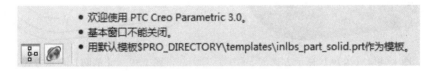

图1-4　信息栏

1.2.8　过滤器

过滤器在工作界面的右下方。利用过滤器可以设置要选取特征的类型，这样可以非常快捷地选取到要操作的对象，如图1-5所示。

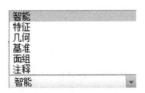

图1-5　过滤器

3

1.3　模型的操作

1.3.1　模型的显示

在 PTC Creo Parametric 3.0 中模型的显示方式有六种，单击【视图】下拉菜单，单击在【模型显示】中【显示样式】，在下拉菜单中选择，也可以单击快速访问工具栏中 图标按钮来控制。

（1）【带反射着色】：以实体形式显示，有明显的阴影效果，如图1-6所示；

（2）【带边着色】：以实体形式显示，高亮显示所有边线，如图1-7所示；

图1-6　【带反射着色】显示方式　　　　图1-7　【带边着色】显示方式

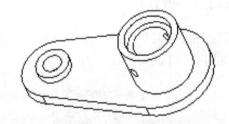

图1-8　【着色】显示方式　　　　图1-9　【消隐】显示方式

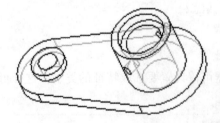
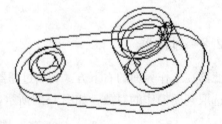

图1-10　【隐藏线】显示方式　　　　图1-11　【线框】显示方式

（3）【着色】显示方式：以实体形式显示，所有边线不可见，如图1-8所示；

（4）【消隐】显示方式：以线框形式显示，不显示隐藏线，如图1-9所示；

（5）【隐藏线】显示方式：以线框形式显示，显示隐藏线（虚线），如图1-10所示；

（6）【线框】显示方式：以线框形式显示，所有边线均为实线，如图1-11所示。

1.3.2　模型的观察

为了从不同角度观察模型局部细节，需要放大、缩小、平移和旋转模型。在PTC Creo Parametric 3.0中，可以用三键鼠标来完成下列不同的操作。

（1）旋转：按住鼠标中键+移动鼠标；

（2）平移：按住鼠标中键+Shift键+移动鼠标；

（3）缩放：按住鼠标中键+Ctrl键+垂直移动鼠标；

（4）翻转：按住鼠标中键+Ctrl键+水平移动鼠标；

（5）动态缩放：转动中键滚轮。

另外，视图控制工具栏中有以下与模型观察相关的图标按钮，其操作方法非常类似于AutoCAD中的相关命令。

（1）【缩小】　：缩小模型。

（2）【放大】　：放大模型。

（3）【重新调整】　：相对屏幕重新调整模型，使其完全显示在绘图窗口。

1.3.3　模型的定向

1. 选择默认的视图

在建模过程中，有时还需要按常用视图显示模型。可以单击视图控制工具栏中【已保存方向】图标按钮　，在其下拉列表中选择默认的视图，如图1-12所示，包括：标准方向、默认方向、后视图、俯视图、前视图（主视图）、左视图、右视图和仰视图，还有重定向和视图法向。

2. 定向的视图

除了选择默认的视图，如果用户根据需要可重定向视图。

操作步骤如下：

（1）打开已创建的三维模型，单击视图控制工具栏中的【已保存方向】，选择【重定向】，弹出如图1-13所示【方向】对话框；

（2）选取DTM1基准平面为参照1，如图1-14所示；

（3）选取TOP基准平面为参照2；

（4）单击【已保存方向】下拉菜单，在名称文本框中输入"自定义"，单击【保存】按钮；

（5）单击【确定】按钮，模型显示如图1-15所示。同时，"自定义"视图保存在如图1-12所示视图列表中。

图 1-12　已保存方向　　　　　　　　图 1-13　【方向】对话框

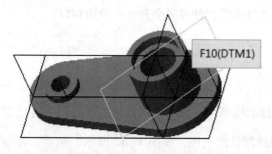

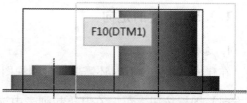

图 1-14　选取 DTM1 基准平面　　　　　　图 1-15　"自定义"视图

1.4　文件的管理

1.4.1　新建文件

在 PTC Creo Parametric 3.0 中可以利用【新建】命令调用相关的功能模块，创建不同类型的新文件。调用命令的方式如下：

菜单调用：执行【文件】|【新建】命令。

图标调用：单击快速访问工具栏中【新建】 图标按钮。

操作步骤如下：

（1）调用【新建】命令，弹出如图 1-16 所示【新建】对话框；

（2）在【类型】选项组中，选择相关的功能模块单选按钮，默认为【零件】模块，子类型模块为【实体】；

（3）在【名称】文本框中输入文件名；

（4）取消选中【使用默认模板】复选框，单击【确定】按钮，弹出如图1-17所示【新文件选项】对话框；

（5）在下拉列表中选择【mmns_ part_ solid】，单击【确定】按钮。

图1-16　【新建】对话框

图1-17　【新文件选项】对话框

1.4.2　打开文件

利用【打开】命令可以打开已保存的文件。调用命令的方式如下：

菜单方式：执行【文件】|【打开】命令。

图标方式：单击系统工具栏中的【打开】📂图标按钮。

操作步骤如下：

（1）调用【打开】命令，弹出如图1-18所示【文件打开】对话框；

（2）选择要打开文件所在的文件夹，在文件名称列表中选择要打开的文件，单击【预览】按钮可以预览选中的文件图形；

（3）单击【打开】按钮即可打开选中的文件。

1.4.3　保存文件

利用【保存】命令保存文件。调用命令的方式如下：

菜单方式：执行【文件】|【保存】命令。

图标方式：单击快速访问工具栏中的【保存】💾图标按钮。

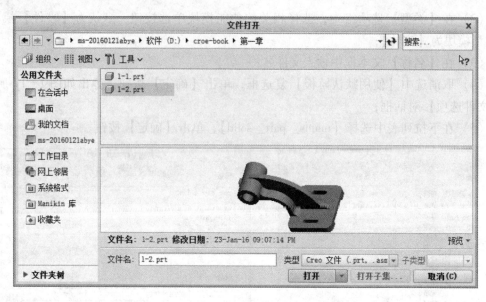

图 1-18 【文件打开】对话框

操作步骤如下：

（1）调用【保存】命令，弹出如图 1-19 所示【保存对象】对话框；

（2）指定文件保存的路径；

（3）单击【确定】按钮。

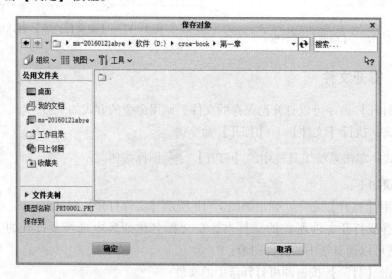

图 1-19 【保存对象】对话框

1.4.4 保存副本

利用【保存副本】命令可以用新文件名保存当前图形或保存为其他类型的文件。调用命令的方式如下：

菜单方式：执行【文件】|【另存为】|【保存副本】命令。

操作步骤如下：

（1）调用【保存副本】命令，将弹出如图1-20所示【保存副本】对话框；

（2）在【文件名】文本框中，输入新文件名；

（3）单击【类型】下拉列表框，选择文件保存的类型；

（4）单击【确定】按钮。

图1-20　【保存副本】对话框

1.4.5　删除文件

利用【删除】命令可以删除当前零件的所有版本文件或者仅删除其所有旧版本文件。

1. 删除所有版本

调用命令的方式如下：

菜单方式：执行【文件】|【管理文件】|【删除所有版本】命令。

操作步骤如下：

（1）选择【删除所有版本】项，将弹出如图1-21所示【删除所有确认】对话框；

（2）单击【是】按钮，则删除当前零件的所有版本文件。

2. 删除旧版本

调用命令的方式如下：

菜单方式：执行【文件】|【管理文件】|【删除旧版本】命令。

操作步骤如下：

（1）选择【删除旧版本】项，将弹出如图1-22所示【删除旧版本】文本框；

（2）单击【是】按钮，则该零件的旧版本被删除，只保留最新版本。

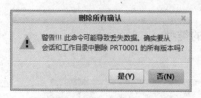 

图1-21　【删除所有确认】对话框　　　　图1-22　【删除旧版本】对话框

1.4.6　拭除文件

利用【拭除当前】命令可以拭除内存中的文件，但并没有删除硬盘中的原文件。

1. 拭除当前文件

调用命令的方式如下：

菜单方式：执行【文件】｜【管理会话】｜【拭除当前】命令。

操作步骤如下：

（1）选择【拭除当前】项，弹出如图1-23所示【拭除确认】对话框；

（2）单击【是】按钮，则将当前活动窗口中的零件文件从内存中删除。

2. 拭除不显示文件

调用命令的方式如下：

菜单方式：执行【文件】｜【管理会话】｜【拭除未显示的】命令。

操作步骤如下：

（1）选择【拭除未显示的】项，将弹出如图1-24所示【拭除未显示的】对话框；

（2）单击【确定】按钮，则将所有没有显示在当前窗口中的零件文件从内存中删除。

图1-23　【拭除确认】对话框　　　图1-24　【拭除未显示的】对话框

1.4.7　选择工作目录

利用【选择工作目录】命令可以直接按设置好的路径，在指定的目录中打开和保存文件。调用命令的方式如下：

菜单方式：执行【文件】｜【管理会话】｜【选择工作目录】命令。

操作步骤如下：

（1）调用【选择工作目录】命令，将弹出如图1-25所示【选择工作目录】对话框；

（2）选择目标路径设置工作目录；

（3）单击【确定】按钮。

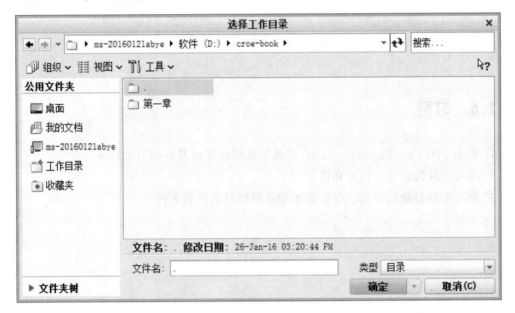

图1-25　【选择工作目录】对话框

1.4.8　关闭窗口

关闭当前模型工作窗口，调用命令的方式如下：

菜单方式：执行【文件】｜【关闭】命令。

图标方式：单击快速访问工具栏中的【关闭】图标按钮。

1.5　退出 PTC Creo Parametric 3.0 的方法

退出 PTC Creo Parametric 3.0 调用命令的方式如下：

菜单方式：执行【文件】｜【退出】命令。

图标方式：单击 PTC Creo Parametric 3.0 应用程序主窗口标题栏右端的【关闭】图标按钮 ✖ 。

操作步骤如下：

（1）调用【退出】命令，将弹出如图1-26所示【确认】对话框，提示用户保存文件；

（2）单击【是】按钮，则退出 PTC Creo Parametric 3.0 。

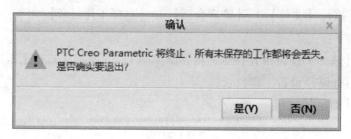

图1-26　【确认】对话框

1.6　习题

1. 启动 PTC Creo Parametric 3.0，熟悉系统操作界面及各部分的功能。

2. 练习文件的新建、打开和保存。

3. 练习工作目录的设定、保存副本和备份以及重命名文件。

第 2 章　二维草图的绘制

本章将介绍的内容如下：
（1）草绘工作界面。
（2）直线的绘制。
（3）圆的绘制。
（4）圆弧的绘制。
（5）矩形的绘制。
（6）圆角的绘制。
（7）使用边创建图元。
（8）样条曲线的绘制。
（9）文本的创建。
（10）草绘器调色板。
（11）草绘器诊断。

2.1　二维草绘的基本知识

2.1.1　进入二维草绘环境的方法

在 PTC Creo Parametric 3.0 中，进入草绘环境有以下两种方式：

1. 由【草绘】模块直接进入草绘环境

创建新文件时，在如图 2-1 所示的【新建】对话框中的【类型】选项组内选择【草绘】，并在【名称】编辑框中输入文件名称后，可直接进入草绘环境。在此环境下直接绘制二维草图，并以扩展名为 .sec 保存文件。此类文件可以导入到零件模块的草绘环境中，作为实体造型的二维截面。也可导入到工程图模块，作为二维平面图元。

图 2-1　【新建】对话框

2. 由【零件】模块进入草绘环境

创建新文件时，在【新建】对话框中的【类型】选项组内选择【零件】，进入零件建模环境。在此环境下通过选择菜单栏中的【模型】菜单项，单击【草绘】图标按钮，进入【草绘】环境，绘制二维截面，可以供实体造型时选用。

可以在创建某个三维特征命令中，系统提示"选取一个草绘"时，进入草绘环境，此时所绘制的二维截面属于所创建的特征。

用户也可以将零件模块的草绘环境下绘制的二维截面保存为副本，以扩展名为.sec保存为单独的文件，以供创建其他特征时使用。

2.1.2 草绘工作界面介绍

进入二维草绘的环境后，将显示如图2-2所示的草绘工作界面。该界面是典型的Windows 应用程序窗口，主要包括："快速访问工具栏"、"标题栏"、"菜单栏"、"导航栏"、"视图控制工具栏"和"绘图区"等。

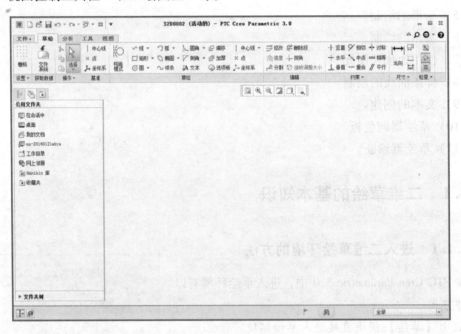

图2-2 草绘工作界面

图2-3 设置工具栏快捷菜单

1. 菜单栏

菜单栏共有5个下拉菜单，分别是【文件】、【草绘】、【分析】、【工具】、【视图】，其中显示了二维草绘环境所提供的命令菜单。仅亮显的菜单项才能在活动的草绘窗口内使用。

在菜单栏区域任意位置右击，弹出如图

2-3所示的快捷菜单，选择【自定义功能区】，弹出自定义功能区选择对话框，需要显示或隐藏的菜单项，控制其中的图标其显示与否，如图2-4所示。

图2-4 【自定义功能区】对话框

2. 视图控制工具栏

在绘制二维草图时，应显示与草绘界面对应的【视图控制工具栏】，如图2-5所示。

在【视图控制工具栏】中单击【草绘器显示过滤器】，出现下拉菜单，如图2-6所示，可以显示尺寸、显示约束、显示栅格和显示顶点。默认设置下，除了【显示栅格】功能为关闭状态外，其余三个功能均为打开状态。

图2-5 视图控制工具栏   图2-6 【草绘器显示过滤器】下拉菜单

2.1.3　二维草图绘制的一般步骤

（1）首先粗略地绘制出图形的几何形状，即草绘。如果使用系统默认设置，在创建几何图元移动鼠标时，草绘器会根据图形的形状自动捕捉几何约束，并以浅绿色显示约束条件。几何图元创建之后，系统将保留约束符号，且自动标注草绘图元，添加【弱】尺寸，并以青色显示；

（2）草绘完成后，用户可以手动添加几何约束条件，控制图元的几何条件以及图元之间的几何关系，如水平、相切、平行等；

（3）根据需要，手动添加【强】尺寸，系统以蓝色显示；

（4）按草图的实际尺寸修改几何图元的尺寸（包括强尺寸和弱尺寸），精确控制几何图元的大小、位置，系统将按实际尺寸再生图形，最终得到精确的二维草图。

2.2　直线的绘制

PTC Creo Parametric 3.0 草绘界面中的直线图元包括普通直线、与两个图元相切的直线以及中心线。

2.2.1　普通直线的绘制

利用【线链】命令可以通过两点创建普通直线图元，此为绘制直线的默认方式。调用命令的方式如下：

图标方式：单击【草绘】菜单项中的【线】 ⌄ 图标按钮。

快捷菜单方式：在草绘区内右击，在快捷菜单中选取【线链】。

操作步骤如下：

（1）单击【线】图标按钮，启动【线链】命令；

（2）在草绘区内单击，确定直线的起点；

（3）移动鼠标，草绘区显示一条橡皮筋线，在适当位置单击，确定直线段的端点，系统在起点与终点之间创建一条直线段；

（4）移动鼠标，草绘区接着上一段线又显示一条橡皮筋线，再次单击，创建另一条首尾相接的直线段，直至单击鼠标中键；

（5）重复上述（2）～（4）重新确定新的起点，绘制直线段，或单击鼠标中键，结束命令。

绘制平行四边形的操作过程如图 2-7 所示。其中约束符号 H 表示水平线，$//_1$ 表示绘制两条平行线，L_1 表示两线长度相等。图（d）表示端点为重合点。图（e）所示为最终的草图。

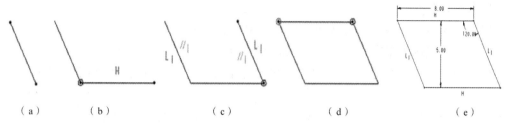

| （a） | （b） | （c） | （d） | （e） |

图2-7 绘制平行四边形

2.2.2 与两图元相切直线的绘制

利用【直线相切】命令可以创建与两个圆或圆弧相切的公切线。调用命令的方式为单击【线】图标右侧三角弹出项中的【直线相切】 ✕ 图标按钮。

操作步骤如下：

（1）单击【直线相切】图标按钮，启动【直线相切】命令；

（2）【信息栏】提示"在弧、圆或椭圆上选择起始位置，单击鼠标中键终止命令"时，选取直线的起始点；

（3）【信息栏】提示"在弧、圆或椭圆上选取结束位置，单击鼠标中键终止命令"时，移动鼠标，在另一个圆或圆弧适当位置单击，系统将自动捕捉切点，创建一条公切线，如图2-8所示。重复上述（2）～（3）步骤，可以绘制另一条公切线，单击鼠标中键，结束命令。

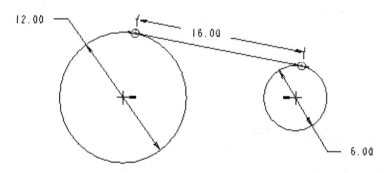

图2-8 绘制与两图元相切的直线

2.2.3 中心线的绘制

中心线不能用于创建三维特征，而是用作辅助线，主要用于定义旋转特征的旋转轴、对称图元的对称线，以及构造直线等。利用【中心线】命令可以定义两点绘制无限长的中心线。中心线分为几何中心线和构造中心线。几何中心线会在模型中以轴线的形式显示。构造中心线作为辅助线使用，在模型中不显示。

【几何中心线】调用命令的方式如下：

图标方式：单击【基准】菜单项中的【中心线】 ⫶ 图标按钮。

操作步骤如下：

（1）单击【中心线】图标按钮，启动【中心线】命令；

（2）在草绘区内单击，确定中心线通过的一点；

（3）移动鼠标，在适当位置单击，确定中心线通过另一点，通过两点创建一条中心线；

（4）重复上述（2）～（3）绘制另一条中心线，或单击鼠标中键，结束命令。

【构造中心线】调用命令的方式如下：

图标方式：单击【草绘】菜单项中的【中心线】 图标按钮。

快捷菜单方式：在草绘窗口快捷菜单中选取【构造中心线】。

【构造中心线】命令的操作步骤和【几何中心线】命令的操作步骤完全一样，此处不再介绍。

2.3 圆的绘制

PTC Creo Parametric 3.0 创建圆的方法有：指定圆心和半径画圆、画同心圆、三点画圆、画与3个图元相切的圆，如图2-9所示。

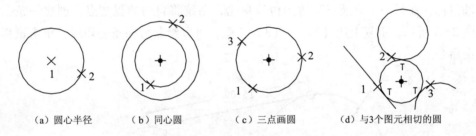

（a）圆心半径　　　（b）同心圆　　　（c）三点画圆　　　（d）与3个图元相切的圆

图2-9　绘制圆的方法

2.3.1 指定圆心和半径绘制圆

利用【圆心和点】命令可以指定圆心和圆上一点创建圆，即指定圆心和半径绘制圆，该方式是默认画圆的方式，如图2-9（a）所示。调用命令的方式如下：

图标方式：单击【草绘】菜单项中的【圆】 图标按钮。

快捷菜单方式：在草绘窗口内右击，在快捷菜单中选取【圆】。

操作步骤如下：

（1）单击【圆】图标按钮，启动【圆心和点】命令；

（2）在合适位置单击，确定圆的圆心位置，如图2-9（a）所示的点1；

（3）移动鼠标，在适当位置单击，指定圆上的一点，如图2-9（a）所示点2。系统则以指定的圆心，以及圆心与圆上一点的距离为半径画圆；

（4）重复上述（2）～（3），可以绘制另一个圆，或单击鼠标中键，结束命令。

2.3.2　同心圆的绘制

利用圆的【同心】命令可以创建与指定圆或圆弧同心的圆，如图2-9（b）所示。调用命令的方式如下：

图标方式：单击【草绘】菜单项中【圆】图标右侧三角弹出项中的【同心】◎图标按钮。

操作步骤如下：

（1）单击【同心】图标按钮，启动圆的【同心】命令；

（2）【信息栏】提示"选择一弧（去定义中心）"时，选取一个圆弧或圆。如图2-9（b）所示，在小圆的点1处单击；

（3）移动鼠标，在适当位置单击，指定圆上的一点，如图2-9（b）所示的点2。系统创建与指定圆同心的圆；

（4）移动鼠标，再次单击，创建另一个同心圆，或单击鼠标中键，结束命令。

2.3.3　指定三点绘制圆

利用圆的【3点】命令可以通过指定三点创建一个圆，如图2-9（c）所示。调用命令的方式如下：

图标方式：单击【草绘】菜单项中【圆】图标右侧三角弹出项中的【3点】◯图标按钮。

操作步骤如下：

（1）单击【3点】图标按钮，启动圆的【3点】命令；

（2）分别在适当位置单击，确定圆上的1、2、3点，系统通过指定的三点画圆，如图2-9（c）所示；

（3）重复上述步骤，再创建另一个圆。直至单击鼠标中键，结束命令。

2.3.4　指定与三个图元相切圆的绘制

利用圆的【3相切】命令可以创建与三个已知的图元相切的圆，已知图元可以是圆弧、圆、直线，如图2-9（d）所示。调用命令的方式如下：

图标方式：单击【草绘】菜单项中【圆】图标右侧三角弹出项中的【3相切】◯图标按钮。

操作步骤如下：

（1）单击【3相切】图标按钮，启动圆的【3相切】命令；

（2）【信息栏】提示"在弧、圆或直线上选择起始位置"时，选取一个圆弧或圆或直线，如图2-9（d）所示，在直线点1处单击；

（3）系统提示"在弧、圆或直线上选择结束位置"时，选取第2个圆弧、圆或直线，如图 2-9（d）所示，在上面的圆的点 2 处单击；

（4）系统提示"在弧、圆或直线上选择第三个位置"时，选取第 3 个圆弧、圆或直线，如图 2-9（d）所示，在右侧的圆弧点 3 处单击；

（5）系统再次提示"在弧、圆或直线上选取起始位置"时，重复上述（2）~（4）再创建另一个圆。直至单击鼠标中键，结束命令。

2.4　圆弧的绘制

PTC Creo Parametric 3.0 创建圆弧的方法有：3 点/相切端画圆弧、指定圆心和端点画圆弧、画与 3 个图元相切的圆弧、画同心圆弧和画锥形弧。

2.4.1　指定三点绘制圆弧

利用【3 点/相切端】命令可以指定三点创建圆弧，该方式是默认画圆弧的方式。调用命令的方式如下：

图标方式：单击【草绘】菜单项中的【3 点/相切端】图标按钮。

快捷菜单方式：在草绘窗口内右击，在快捷菜单中选取【3 点/相切端】。

操作步骤如下：

（1）单击【3 点/相切端】图标按钮，启动【3 点/相切端】命令；

（2）在合适位置单击，确定圆弧的起始点，如图 2-10 所示的点 1；

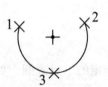

（3）移动鼠标，在适当位置单击，指定圆弧的终点，如图 2-10 所示的点 2；

（4）移动鼠标，在适当位置单击，如图 2-10 所示的点 3，确定圆弧的半径；

图 2-10　三点绘制圆弧

（5）重复上述（2）~（4）创建另一个圆弧，或单击鼠标中键，结束命令。

2.4.2　指定圆心和端点绘制圆弧

利用弧的【圆心和端点】命令可以通过指定圆弧的圆心点和端点创建圆弧。调用命令的方式如下：

图标方式：单击【草绘】菜单项中的【弧】图标右侧三角弹出项中的【圆心和端点】图标按钮。

操作步骤如下：

（1）单击【圆心和端点】图标按钮，启动圆弧的【圆心和端点】命令；

（2）移动鼠标，在适当位置单击，指定圆弧的圆心，如图 2-11 所示点 1；

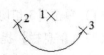

图 2-11　指定圆心和端点绘制圆弧

（3）移动鼠标，在适当位置单击，指定圆弧的起始点，如图2-11所示点2；

（4）移动鼠标，在适当位置单击，指定圆弧的端点，如图2-11所示点3；

（5）重复上述（2）～（4）再创建另一个圆弧。直至单击鼠标中键，结束命令。

2.4.3　指定与三个图元相切圆弧的绘制

利用弧的【3相切】命令可以创建与三个已知的图元相切的圆弧，操作方法与【3相切】画圆方法类似。调用命令的方式如下：

图标方式：单击【草绘】菜单项中的【弧】图标右侧三角弹出项中的【3相切】图标按钮。

操作步骤如下：

（1）单击【3相切】图标按钮，启动弧的【3相切】命令；

（2）～（5）同本书2.3.4小节的（2）～（5）。

2.4.4　同心圆弧的绘制

利用弧的【同心】命令可以创建与指定圆或圆弧同心的圆弧。调用命令的方式如下：

图标方式：单击【草绘】菜单项中的【弧】图标右侧三角弹出项中的【同心】图标按钮。

操作步骤如下：

（1）单击【同心】图标按钮，启动弧的【同心】命令；

（2）【信息栏】提示"选择一弧（去定义中心）"时，选取一个圆弧或圆，如图2-12所示，在已知圆弧上点1处单击；

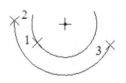

图2-12　同心圆弧

（3）移动鼠标，在适当位置单击，指定圆弧的起点，如图2-12所示点2；

（4）移动鼠标，在另一适当位置单击，指定圆弧的端点，如图2-12所示点3，系统创建与指定圆或圆弧同心的圆弧；

（5）重复上述（3）～（4）再创建选定圆或圆弧的同心圆弧，或单击鼠标中键，结束命令。

2.4.5　锥形弧的绘制

利用弧的【圆锥】命令可以创建锥形弧。调用命令的方式如下：

图标方式：单击【草绘】菜单项中的【弧】图标右侧三角弹出项中的【同心】图标按钮。

操作步骤如下：

（1）单击【圆锥】图标按钮，启动弧的【圆锥】命令；

（2）在绘图区单击两点，作为圆锥弧的两个端点；

（3）此时移动鼠标指针，圆锥弧呈现可拉伸的状态，单击确定弧形的外端点。

例2.4-1 用【线】、【圆】、【弧】命令绘制如图2-13所示的草图。

绘制步骤如下：

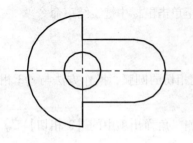

图2-13 二维草图

1. 创建新文件

（1）单击下拉菜单【文件】→【新建】，弹出【新建】对话框；

（2）在【类型】选项组内选择【草绘】；

（3）在【名称】编辑框中输入文件名称，单击【确定】按钮，进入草绘环境。

2. 绘制中心线

（1）单击【基准】菜单项中的【中心线】图标按钮（几何中心线），启动【中心线】命令；

（2）在草绘区内单击，确定中心线的通过的一点；

（3）移动鼠标，出现【垂直】约束符号 V，单击左键，绘制垂直中心线；

（4）在草绘区内单击，确定中心线的通过的一点；

（5）移动鼠标，出现【水平】约束符号 H，单击左键，绘制水平中心线；

（6）单击鼠标中键，结束命令。

3. 绘制中间圆

（1）单击【草绘】菜单项中的【圆】图标按钮，启动【圆心和点】命令；

（2）移动鼠标，在两条中心线交点处单击，确定圆的圆心位置，如图2-14（a）所示的点1；

（3）移动鼠标，在适当位置单击，指定圆上的一点，绘制圆；

（4）单击鼠标中键，结束命令。

4. 绘制左半圆弧

（1）单击【草绘】菜单项中的【弧】图标右侧三角弹出项中的【同心】图标按钮，启动弧的【同心】命令；

（2）【信息栏】提示"选择一弧（去定义中心）"时，选取中间圆；

（3）移动鼠标，在垂直中心线的适当位置单击，指定圆弧的起点，如图2-14（b）所示的点2；

（4）移动鼠标，出现如图2-14（c）所示的界面单击，指定圆弧的端点3，保证圆弧上下对称；

（5）连续单击鼠标中键两次，结束命令。

5. 绘制上部两条直线

（1）单击【草绘】菜单项中的【线】图标按钮，启动【线链】命令；

（2）单击圆弧的上端点，确定直线的起点；

（3）向下移动鼠标，在垂直中心线的适当位置单击，确定直线段的端点，绘制一段垂直线段；

（4）向右移动鼠标，出现【水平】约束符号 H，单击，绘制水平直线段，如图 2-14（d）所示；

（5）单击鼠标中键，结束命令。

6. 绘制右半圆弧

（1）单击【草绘】菜单项中的【3 点/相切端】图标按钮，启动【3 点/相切端】命令；

（2）在水平线段的右端点单击，确定圆弧的起始点，如图 2-14（e）所示；

（3）移动鼠标，出现如图 2-14（e）所示的约束条件单击，指定圆弧的终点；

（4）单击鼠标中键，结束命令。

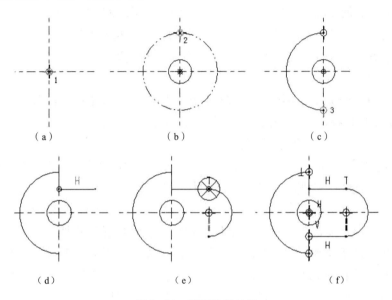

（a）　　　　　　　　　（b）　　　　　　　　　（c）

（d）　　　　　　　　　（e）　　　　　　　　　（f）

图 2-14　草图绘制过程

7. 绘制下部两条直线

操作过程略，结果如图 2-14（f）所示。

2.5　矩形的绘制

PTC Creo Parametric 3.0 通过指定矩形的两个对角点创建矩形。调用命令的方式如下：

图标方式：单击【草绘】菜单项中的【矩形】□图标按钮。

快捷菜单方式：在草绘窗口内右击，在快捷菜单中选取【拐角矩形】。

操作步骤如下：

（1）单击【草绘】菜单项中的【矩形】图标按钮，启动【拐角矩形】命令；

（2）在合适位置单击，确定矩形的一个顶点，如图 2-15 所示的点 1。再移动鼠标，在另一位置单击，确定矩形的另一对角

图 2-15　绘制矩形

点，如图2-15所示的点2，矩形绘制完成；

（3）重复上述（2）继续指定另一矩形的两个对角点，绘制另一矩形。直至单击鼠标中键，结束命令。

2.6 圆角的绘制

利用【圆角】命令可以在选取的两个图元之间自动创建圆角过渡，这两个图元可以是直线、圆和样条曲线。圆角的半径和位置取决于选取两个图元时的位置，系统选取离开二线段交点最近的点创建圆角，如图2-16（a）所示。调用命令的方式如下：

图标方式：单击【草绘】菜单项中的【圆角】 ⬡ 图标按钮。

快捷菜单方式：在草绘窗口内右击，在快捷菜单中选取【圆角】。

操作步骤如下：

（1）单击【草绘】菜单项中的【圆角】图标按钮，启动【圆形】命令；

（2）【信息栏】提示"选择两个图元"时，分别在两个图元上单击，如图2-16（a）所示的点1、点2，系统自动创建圆角；

（3）【信息栏】提示"选择两个图元"时，继续选取两个图元，如图2-16（a）所示的点3、点4，创建另一个圆角。直至单击鼠标中键，结束命令。

操作说明如下：

（1）倒圆角时不能选择中心线，且不能在两条平行线之间倒圆角；

（2）如果在两条非平行的直线之间倒圆角，若选【圆形修剪】命令，即二直线从切点到交点之间的线段被修剪掉。若选【圆形】命令，则系统在创建圆角后会以构造线（虚线）显示圆角拐角，如图2-16（a）所示。如果被倒圆角的两个图元中存在非直线图元，则系统自动在圆角的切点处将两个图元分割，如图2-16（b）所示。

例2.6-1用【线】、【矩形】、【弧】、【圆角】命令绘制如图2-17所示的草图。

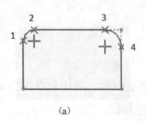

（a）　　　　　　　（b）

图2-16　绘制圆角

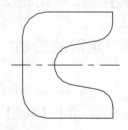

图2-17　二维草图

绘制步骤如下：

1. 创建新文件

操作过程略。

2. 绘制水平中心线

操作过程略。

3. 绘制矩形

（1）单击【草绘】菜单项中的【矩形】图标按钮，启动【拐角矩形】命令；

（2）在合适位置单击，确定矩形的一个顶点。再移动鼠标，出现如图 2-18（a）所示的图形，单击，确定矩形的另一对角点，绘制矩形；

（3）单击鼠标中键，结束命令。

4. 绘制上段斜线

斜线起始点在矩形右侧边上，如图 2-18（b）所示，操作过程略。

5. 绘制中间圆弧

用【3 点/相切端】命令画圆弧，保证该圆弧与斜线相切，如图 2-18（c）所示，操作过程略。

6. 绘制下段斜线

如图 2-18（d）所示，操作过程略。

7. 绘制圆角

（1）单击【草绘】菜单项中的【圆角】图标按钮，启动【圆形修剪】命令；

（2）【信息栏】提示"选择两个图元"时，分别在矩形左侧边与顶边单击；

（3）【信息栏】再次提示"选择两个图元"时，继续在矩形左侧边与底边单击，创建另一个圆角。创建的圆角如图 2-18（e）所示；

（4）【信息栏】再次提示"选择两个图元"时，分别选择矩形右侧边与斜线，创建的圆角如图 2-18（f）所示。单击鼠标中键，结束命令。

8. 绘制右下端铅垂线

如图 2-18（g）所示，操作过程略。

9. 绘制右下端圆角

操作过程略，结果如图 2-18（h）所示。

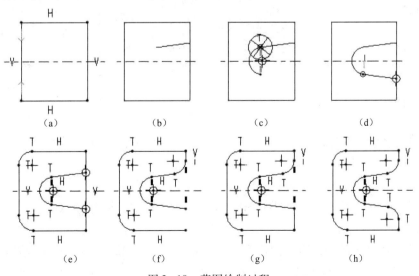

（a）　　　　　　（b）　　　　　　（c）　　　　　　（d）

（e）　　　　　　（f）　　　　　　（g）　　　　　　（h）

图 2-18　草图绘制过程

2.7 使用边创建图元

在零件模式下进入草绘环境，如果【草绘】菜单项中【投影】图标按钮亮显，用户可以使用投影，即将实体特征的边投影到草绘平面。系统在创建的投影上添加【~】约束符号，投影默认为橙色。在草绘模式下进入草绘环境，无【投影】图标。

2.7.1 使用边创建图元

利用【投影】命令可以创建与已存在的实体特征的边相重合的图元。调用命令的方式如下：

图标方式：单击【草绘】菜单项中的【投影】□图标按钮。

如图2-19以及图2-20所示的模型，均以其顶面作为草绘平面，进入草绘环境，利用【投影】命令，创建图元。

操作步骤如下：

（1）单击【投影】图标按钮，启动【投影】命令；

（2）系统同时弹出如图2-19所示的边【类型】对话框，【信息栏】提示"选择要使用的边"时，移动鼠标，在实体特征的某条边上单击，如图2-20（a）所示，选取上半圆边界，系统自动创建与所选边重合的图元，即具有约束符号【~】的边；

（3）【信息栏】提示"选择要使用的边"时，移动鼠标，在实体特征的另一条边上单击，如图2-20（a）所示，选取下半圆边界，系统再创建与所选边重合的图元，直至单击【类型】对话框中的【关闭】按钮。

图2-19 边【类型】对话框

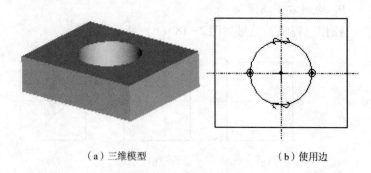

（a）三维模型　　　　　（b）使用边

图2-20 创建单一边界图元

1. 单一（S）

选定实体特征上单一的边创建草绘图元。该类型为默认的边类型。

2. 链（H）

选定实体特征上的两条边，创建连续的边界。如图2-22所示的模型，进入草绘环境，使用【链】边类型，当系统提示"通过选择曲面的两个图元或两个边或选取曲线的两个图元指定一个链"时，选取实体特征上的一条边，如图2-22（a）所示的顶端大圆弧。再按住 Ctrl 键选取另一条边，如图2-22（a）所示的右侧大圆弧，系统将这两条边之间的所有边以红色粗实线显示。随即弹出如图2-23所示的【菜单管理器】，当直接选择【接受】，关闭【类型】对话框后，则创建如图2-22（b）所示的边界图元。如果选择【下一个】，则另一侧连续边被选中，如图2-22（c）所示，再选择【接受】，则创建如图2-22（d）所示的图元。

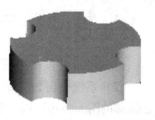

图2-21 三维模型

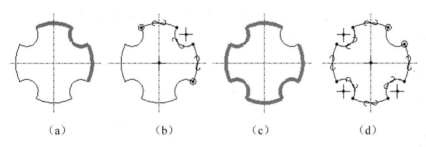

（a）　　　　　　（b）　　　　　　（c）　　　　　　（d）

图2-22 使用【链】边类型创建图元

图2-23 【链】边类型菜单管理器

3. 环（L）

以实体特征上图元的一个环来创建循环边界图元。系统提示"选择指定图元环的图元，选择指定轮廓线的曲面选取指定轮廓线的曲面，选择指定轮廓线的草图或曲线特征"时，选取实体特征的面。如果所选面上只有一个环，则系统直接创建循环的边界图元，如图2-24（a）所示。如果所选面上含有多个环，如图2-24（b）所示，则提示"选择所需围线"并弹出如图2-25所示的菜单管理器，用户选择其中的一个环，单击菜单管理器上的【接受】，或持续单击【下一个】，再单击【接受】，创建所需要的环。

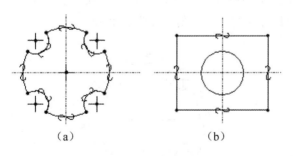

（a）　　　　　　　　（b）

图2-24 使用【链】边类型创建图元

图2-25 【环】边类型菜单管理器

2.7.2　使用偏移边创建图元

利用【偏移】命令可以创建与已存在的实体特征的边偏移一定距离的几何图元。调用命令的方式如下：

图标方式：单击【草绘】菜单项中的【偏移】  图标按钮。

操作步骤如下：

（1）单击【偏移】图标按钮，启动边的【偏移】命令；

（2）系统弹出如图2-26所示的选择偏距边【类型】对话框，【信息栏】提示"选择要偏移的图元或边"时，移动鼠标，在实体特征的某条边上单击，如图2-27（a）所示，选取顶部的一条弧；

（3）系统显示【于箭头方向输入偏距［退出］】文本框，并在草绘区显示偏移方向的箭头，用户在该文本框中输入偏距；

（4）【信息栏】再次提示"选择要偏移的图元或边"时，重复上述（2）～（3）直至单击【类型】对话框中的【关闭】按钮。

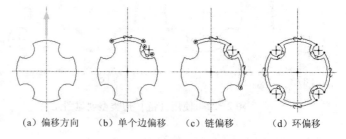

图2-26　选择偏距边类型　　　　　图2-27　选择偏距边类型

注意：

（1）偏距值为正，则沿箭头方向偏移边；若偏距值为负，则沿箭头的反方向偏移边；

（2）上述步骤为【偏移边】类型的默认选项【单一】。【偏移边】类型选项意义与【投影】类型相同，创建的图元如图2-27所示。由如图2-27（d）所示的环偏移生成的图元，经拉伸造型后生成的实体特征，如图2-28（a）所示；

（3）当偏移边被删除时，系统将保留其参照图元，如图2-28（b）所示。如果在二维截面中不使用这些参照，当退出【草绘】界面时，系统则将参照图元删除。

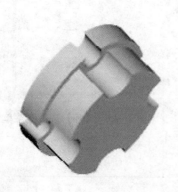
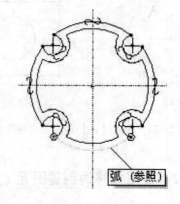

图2-28（a）　使用环偏移边生成的实体　　　图2-28（b）　偏移边删除后的参照图元

2.8　样条曲线的绘制

样条曲线是通过一系列指定点的平滑曲线，为三阶或三阶以上多项式形成的曲线。

调用命令的方式如下：

图标方式：单击【草绘】菜单项中的【样条】～图标按钮。

操作步骤如下：

（1）单击【样条】图标按钮，启动【样条】命令；

（2）移动鼠标，依次单击，确定样条曲线所通过的点，直至单击鼠标中键终止该曲线的绘制；

（3）重复上述（2）绘制另一条曲线，单击鼠标中键，结束命令。

2.9　文本的创建

利用【文本】命令可以创建文字图形，在 PTC Creo Parametric 3.0 中文字也是剖面，可以用【拉伸】命令对文字进行操作。调用命令的方式如下：

图标方式：单击【草绘】菜单项中的【文本】 图标按钮。

操作步骤如下：

（1）单击【文本】图标按钮，启动【文本】命令；

（2）【信息栏】提示"选择行的起始点，确定文本高度和方向"时，移动鼠标，单击左键，确定文本行的起点；

（3）【信息栏】提示"选择行的二点，确定文本高度和方向"时，移动鼠标，在适当位置单击，确定文本行的第二点。系统在起点与二点之间显示一条直线（构建线）并弹出【文本】对话框，该线的长度决定文本的高度，该线的角度决定文本的方向，如图 2-29 所示；

（4）在【文本】对话框中的【文本行】文本框中输入文字，最多可输入 79 个字符，且输入的文字动态显示于草绘区；

（5）在【文本】对话框中的【字体】选项组内选择字体、设置文本行的位置、长宽比、斜角等；

（6）单击【确定】按钮，关闭对话框，系统创建单行文本。

操作及选项说明：

（1）单击【文本符号】按钮，弹出如图 2-30 所示的对话框，从中选取要插入的符号；

（2）当由【零件】模式进入草绘环境，则【文本】对话框如图 2-29（b）所示。系统允许用户选择【使用参数】单选按钮，单击【选取参数】按钮，从【选取参数】对话框中选择已定义的参数，显示其参数值；

(a) 在【草绘】模式中的【文本】对话框

(b) 在【零件】模式中的【文本】对话框

图 2-29　【文本】对话框

图 2-30　【文本符号】对话框

（3）【字体】下拉列表中显示了系统提供的字体文件名；

（4）在【位置】选项区，选取水平和竖直位置的组合，确定文本字符串相对于起始点的对齐方式。其中【水平】定义文字沿文本行方向（即垂直于构建线方向）的对齐方式，有【左侧】、【中心】、【右侧】三个选项，【左侧】为默认设置，其设置效果如图 2-31 所示。【竖直】定义文字沿垂直于文本行（即构建线方向）的对齐方式，有【底部】、【中间】、【顶部】三个选项，【底部】为默认设置，其设置效果如图 2-32 所示。【△】表示文本行的起始点；

（5）在【长宽比】文本框中输入文字宽度与高度的比例因子，或使用滑动条设置文本的长宽比；

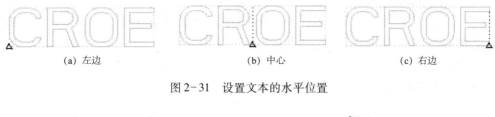

(a) 左边　　　　　　　　　　　(b) 中心　　　　　　　　　　　(c) 右边

图 2-31　设置文本的水平位置

(a) 底部　　　　　　　　　　　(b) 中间　　　　　　　　　　　(c) 顶部

图 2-32　设置文本的垂直位置

（6）在【斜角】文本框中输入文本的倾斜角度，或使用滑动条设置文本的斜角；

（7）选中【沿曲线放置】复选框，设置将文本沿一条曲线放置，接着选取要在其上放置文本的曲线。如图 2-33 所示；

（8）选中【字符间距处理】复选框，将启用文本字符串的字体字符间距处理功能，以控制某些字符之间的空格，设置文本的外观。

图 2-33　文本沿曲线放置

2.10　草绘器调色板

草绘器调色板是一个具有若干个选项卡的几何图形库，系统含有四个预定义的选项卡：多边形、轮廓、形状和星形，每个选项卡包含若干同一类别的截面形状。用户可以向调色板添加选项卡，将截面形状按类别放入选项卡内，并且随时使用调色板中的形状。

2.10.1　使用选项板

利用【选项板】命令可以方便快捷地选定草绘器调色板中的几何形状，将其输入到当前草绘中，并且可以对选定的形状调整大小，进行平移和旋转操作。调用命令的方式如下：

图标方式：单击【草绘】菜单项中的【选项板】 🌀 图标按钮。

操作步骤如下：

（1）单击【选项板】图标按钮，启动【选项板】命令，系统弹出如图 2-34（a）所示的【草绘器调色板】对话框；

（2）【信息栏】提示"将选项板中的外部数据插入到活动对象"时，选择所需的选项卡，显示选定选项卡中形状的缩略图和标签，选择某一截面，则在预览区显示相对应的截面形状，如图2-34（b）所示；

（3）双击选定形状的缩略图或标签；

（a）调色板选项卡　　　　　　　　（b）选定形状并预览

图2-34　【草绘器调色板】对话框

（4）在草绘窗口中任意单击左键，确定放置形状的位置，系统菜单项变为如图2-35所示的【导入截面】选项卡，同时被输入的形状位于带有控制滑块的虚线方框内，如图2-36（a）所示；

图2-35　【导入截面】选项卡

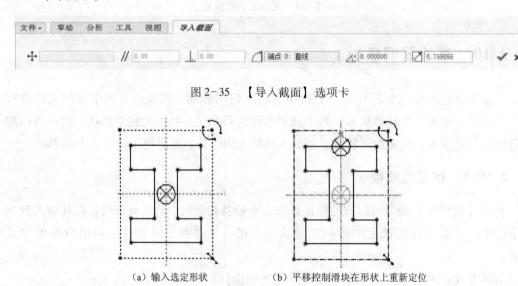

（a）输入选定形状　　　　　　　　（b）平移控制滑块在形状上重新定位

图2-36　输入调色板形状

（5）在【导入截面】选项卡中输入缩放比例以及旋转角度；

（6）单击【完成】图标按钮，关闭【导入截面】对话框；

（7）关闭【草绘器调色板】对话框，单击【关闭】按钮。

操作及选项说明如下：

（1）拖动平移控制滑块，可移动所选图元；拖动旋转控制滑块，可旋转所选图元；拖动缩放控制滑块，可修改所选图元的比例；

（2）默认情况下，平移控制滑块位于形状的中心，在图元中心点上单击鼠标左键并拖动，可将其拖到所需的捕捉点上，如图2-36（b）所示。

2.10.2　创建自定义形状选项卡

用户可以预先创建自定义图形的草绘文件（.sec文件）置于安装目录\ptc\Creo 3.0\M070\Common Files\text\sketcher_palette\自定义，则在草绘器调色板中会出现一个（仅出现一个）与工作目录同名的选项卡，且工作目录下的草绘文件中的截面形状将作为可用的图形出现在该选项卡中，如图2-37所示。

图2-37　创建自定义形状选项卡

2.11　草绘器诊断

草绘器诊断提供了与创建基于草绘的特征和再生失败相关的信息，可以帮助用户实时了解草绘中出现的问题。

2.11.1　着色封闭环

利用【着色封闭环】诊断工具，系统将以预定义颜色填充形成封闭环的图元所包围的区域，以此来检测几何图元是否形成封闭环。调用命令的方式如下：

图标方式：单击【草绘】菜单项中的【着色封闭环】　图标按钮。

执行该命令后，系统将着色当前草绘中所有的几何封闭环，如图2-38（a）所示。

操作及选项说明如下：

（1）只有按下【着色封闭环】的图标时，即处于【选取项目】状态，才显示封闭环的着色填充；

（2）如果封闭环内包含封闭环，则从最外层环起，奇数环被着色，如图2-38（b）所示；

（3）当该诊断模式打开，草绘时一旦形成封闭环，将被着色；

（4）封闭环必须是首尾相接，自然封闭。不允许有图元重合，或出现多余图元，如图2-38（c）所示的三角形内不被着色。

(a) 单层封闭环　　　　　　　(b) 多层封闭环　　　　　　(c) 未构成封闭环

图 2-38　着色封闭环

2.11.2　突出显示开放端

利用【突出显示开放端】诊断工具，系统将加亮属于单个图元的端点，即不为多个图元所共有的端点，以此来检测活动草绘中任何与其它图元的终点不重合的图元的端点。调用命令的方式如下：

图标方式：单击【草绘】菜单项中的【突出显示开放端】⚙图标按钮。

执行该命令后，系统将以默认的红色方框加亮显示当前草绘中所有开放的端点，如图 2-39 所示。

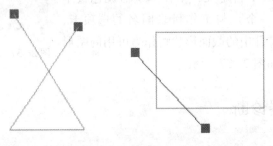

图 2-39　突出显示开放端

2.11.3　重叠几何

利用【重叠几何】诊断工具，系统将加亮重叠图元，以此来检测活动草绘中任何与其他图元相重叠的几何。调用命令的方式如下：

图标方式：单击【草绘】菜单项中的【重叠几何】▨图标按钮。

执行该命令后，系统将以默认的红色显示当前草绘中相重叠的几何边，如图 2-40 所示。

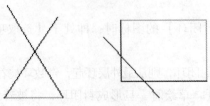

图 2-40　显示重叠几何

2.11.4　特征要求

在零件模块的草图环境中，利用【特征要求】诊断工具，可以分析判断草绘是否满足其定义的当前特征类型的要求。调用命令的方式如下：

图标方式：单击【草绘】菜单项中的【特征要求】 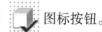 图标按钮。

执行该命令后，系统将弹出【特征要求】对话框，该对话框显示当前草绘是否适合当前特征的消息，并列出了对当前特征的草绘要求及其状态，如图 2-41 所示。在状态列表中用几种状态符号表示是否满足要求的状态：

（1）✔表示满足零件设计要求；

（2）❶表示不满足零件设计要求；

（3）△表示满足零件设计要求，但不稳定，对草绘的简单更改可能无法满足要求。

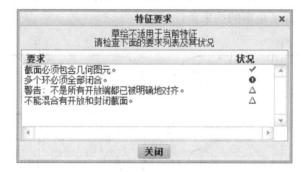

图 2-41　【特征要求】对话框

2.12　习题

1. 根据如图 2-42 所示的平面图形，绘制其二维草图。主要涉及的命令包括【直线】命令、【圆弧】命令、【圆角】命令、【圆】命令。

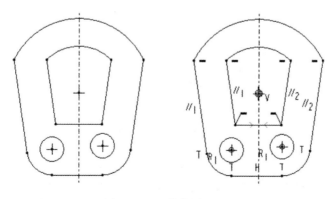

图 2-42　二维草图（一）

2. 利用【直线】命令、【圆弧】命令、【圆角】命令，绘制如图2-43所示的二维草图，保证指定的约束条件。

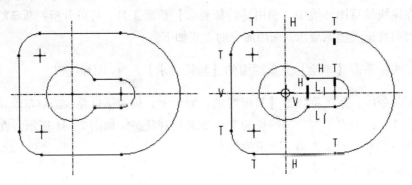

图2-43　二维草图（二）

3. 利用【草绘器调色板】、【矩形】命令、【圆弧】命令、【圆】命令，绘制如图2-44所示的二维草图，保证指定的约束条件。

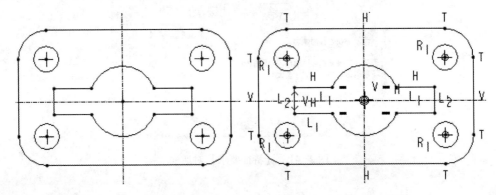

图2-44　二维草图（三）

第3章　二维草图的编辑

本章将介绍的内容如下：

（1）几何约束。

（2）尺寸约束。

（3）选择图元的方法。

（4）删除图元。

（5）修剪图元。

（6）镜像图元。

（7）旋转图元。

（8）复制图元。

（9）解决约束和尺寸冲突问题。

3.1　几何约束

在草绘器中，几何约束是利用图元的几何特性（如等长、平行等）对草图进行定义，也称为几何限制。几何约束可以减少不必要的尺寸，以利于图形的编辑和设计变更，达到参数化设计的目的，满足设计要求。几何约束的设置有以下两种方法：

（1）自动设置几何约束；

（2）手动添加几何约束。

3.1.1　自动设置几何约束

1. 几何约束符号

默认设置下，绘制图元时，系统会随着鼠标的移动自动捕捉几何约束，帮助用户来定位几何图元，即自动设置几何约束，并在几何图元旁边显示相应的约束符号，表3-1列出了系统的约束条件的符号和含义等。

如图3-1所示的二维草图设置了多种几何约束条件。其中带有相同下标号的约束符号为一对几何约束条件。如 R_1 表示两个圆具有相等的半径，R_2 表示两个圆角的半径相等。

表3-1 约束条件符号

约束符号	含义	解释
V	竖直图元	铅垂的直线
H	水平图元	水平的直线
//	平行图元	互相平行的直线
⊥	垂直图元	互相垂直的直线
T	相切图元	与圆或圆弧相切的线段
R	相等半径	具有半径相等的圆或圆弧
L	相等长度	具有相等长度的直线段
M	中点	点或圆心处于线段的中点
→←←	对称图元	关于中心线对称的两点
○	相同点	点或圆心重合
⊙	图元上的点	点或圆心位于图元上
– –	水平排列	两点水平对正
		竖直排列	两点垂直对正

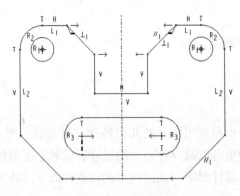

图3-1 几何约束条件

2. 设置约束优先选项

几何约束符号的显示，以及用于自动设置的约束类型，均可以在【草绘器】选项对话框中设置。

调用命令的方式如下：

执行【文件】|【选项】命令。

操作步骤如下：

(1) 调用【文件】|【选项】命令，系统弹出如图3-2所示的【草绘器】选项对话框；

(2) 在【草绘器】选项卡中，【草绘器约束假设】列表中复选框控制约束符号的显示；

(3)【草绘器约束假设】选项卡中列出了约束类型，默认情况下各约束条件前的复选框均为选中，单击复选框，可以选中或移除约束条件；

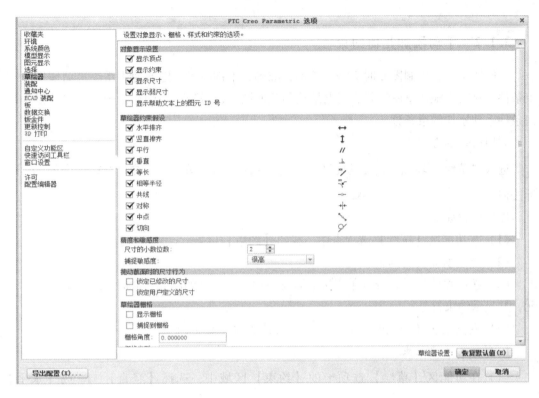

图3-2 【草绘器】选项对话框

（4）单击【确认】图标按钮，确认所作的设置，关闭对话框。

3. 几何约束条件的控制

在使用自动设置约束创建图元的过程中，系统所显示的几何约束为活动约束，并以红色显示，用户可以在单击鼠标进行定位前，对几何约束加以控制。

（1）如果不希望设置系统显示的活动约束，可以单击鼠标右键以禁用该约束，如图3-3（b）所示禁止使用两点水平对正约束。再次单击鼠标右键可以重新启用活动约束。

（2）如果某个活动约束重要，可以在单击鼠标右键的同时按住 Shift 键，以锁定该约束，如图3-4所示，锁定水平约束条件。再次用同样的方法即可解除锁定约束。

（3）当多个约束处于活动状态时，可以使用 Tab 键在各活动约束之间进行切换，以选择所需要的约束条件。

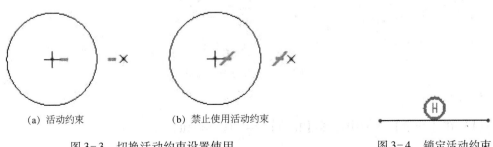

(a) 活动约束　　(b) 禁止使用活动约束

图3-3 切换活动约束设置使用　　　　图3-4 锁定活动约束

3.1.2 手动添加几何约束

一般情况下，绘制图元时无需力求形状准确，不拘泥于一定要使用系统自动捕捉的约束条件，只需要根据草图形状，粗略地绘制几何图元，得到草图的初始图形，然后根据几何条件手动添加约束条件。

调用命令的方式如下：

进入"草绘"环境后，在功能区 草绘 选项卡中，单击 约束▼ 区域中的 ╋ 图标按钮。

操作步骤如下：

（1）在功能区【草绘】选项卡中，找到【约束】区域；

（2）点选所需要的约束；

（3）按照系统提示，分别单击选取需要添加约束条件的图元，此时系统则约束相关图元，并显示约束符号；

（4）重复上述（2）和（3）步骤可添加其他约束条件。

1. 竖直、水平约束

（1）在功能区【草绘】选项卡的【约束】区域中，选择【竖直】 ╋ 或【水平】 ╋ 图标按钮；

（2）系统提示【选取一直线或两点】时，选取一条斜线或两个点。所选的斜线更新为竖直线或水平线；或使两点位于一条竖直线或水平线上。

2. 平行、垂直约束

（1）在【约束】区域中选择【平行】 ∥ 或【垂直】 ⊥ 图标按钮；

（2）系统提示【选取两图元使它们平行/正交】时，选取两条线（包括圆弧）。被选择的两条线成为互相垂直/平行的线条，如图3-5所示。

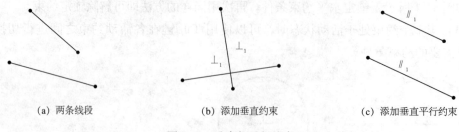

(a) 两条线段　　　　　　(b) 添加垂直约束　　　　　　(c) 添加垂直平行约束

图3-5　垂直与平行约束

3. 相切约束

（1）在【约束】区域中选择【相切】 ⌒ 图标按钮；

（2）系统提示【选取两图元使它们相切】时，选取直线段以及圆弧或圆，被选中的直线与圆弧或圆成为相切的图元，如图3-6所示。

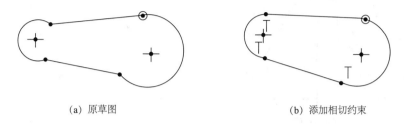

(a) 原草图　　　　　　　　　　　　(b) 添加相切约束

图3-6　相切约束

4. 对中约束

（1）在【约束】区域中选择【中点】 图标按钮；

（2）系统提示【选取一点和一条线或弧】时，分别选取一个点或圆心以及一条直线或圆弧，则所选的点将置于所选线的中点。

5. 对齐约束

（1）在【约束】区域中选择【重合】 图标按钮；

（2）系统提示【选取要对齐的两图元或顶点】时，选择两个点；或点与线条；或两条直线段。

操作步骤如下：

（1）共点约束：当选择两个点时，如图3-7（a）所示，直线 L 的下端点与直线 R 的左端点，则将所选的两点重合，如图3-7（b）所示；

（2）点在线上约束：当选择点与线条，如图3-7（a）所示，直线 L 的下端点与直线 R，则将点置于直线上，如图3-7（c）所示；

（3）共线约束：当选择两条直线段，如图3-7（a）所示，直线 L 与直线 R，则将两条直线设置为共线，如图3-7（d）所示。

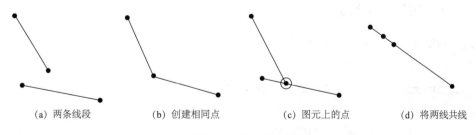

(a) 两条线段　　　(b) 创建相同点　　　(c) 图元上的点　　　(d) 将两线共线

图3-7　重合约束

6. 对称约束

（1）在【约束】区域中选择【对称】 图标按钮；

（2）系统提示【选取中心线和两顶点来使它们对称】时，选择对称的中心线以及两个点，如图3-8所示，选择铅直中心线以及水平线段的左端点和右端点，则所选的两个端点关于铅直中心线对称。

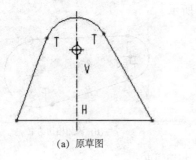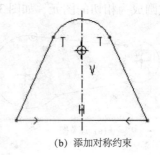

(a) 原草图　　　　　　　　　　　　　(b) 添加对称约束

图3-8　对称约束

7. 等长等径约束

（1）在【约束】区域中选择【等长】 ═ 图标按钮；

（2）系统提示：选取两条直线（相等段），或两个弧/圆/椭圆（等半径），或一个样条与一条线或弧（等曲率）。分别选取两条直线段，或两个弧/圆/椭圆。如图3-9所示。

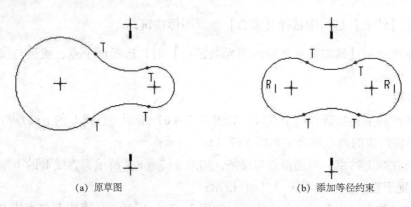

(a) 原草图　　　　　　　　　　　　　(b) 添加等径约束

图3-9　等径约束

3.1.3　删除几何约束

几何约束条件虽然可以帮助用户准确定义草图，减少所标注的尺寸。但在某些情形下，有些系统自动设置的约束条件并不是用户所需要的，而在创建图元时又没有禁用该约束，那么在图元创建之后可以将该约束删除，通过尺寸加以控制。

操作步骤如下：

（1）单击选取需要删除的约束符号；

（2）按【Delete】键，删除所选取的约束条件。

3.2　尺寸约束

在绘制几何图元后，系统会自动为其标注弱尺寸，以完全定义草图。但弱尺寸标注的基准无法预测，且有些弱尺寸往往不是用户所需要的，不能满足设计要求。要完成精确的二维草图，且能根据设计要求控制尺寸，在设置几何约束条件后，应该手动标注所需要的尺寸，即标注强尺寸。然后根据具体尺寸数值对各尺寸加以修改，系统便能再生出最终的二维草图。

3.2.1 标注尺寸

标注尺寸的类型有线性尺寸、径向尺寸、角度尺寸等。

调用命令的方式如下：

在功能区 **草绘** 选项卡中，单击 尺寸▼ 区域中【法向】 法向 图标按钮。

操作步骤如下：

（1）在功能区【草绘】选项卡【尺寸】区域中，单击【法向】图标按钮；

（2）单击选取需要标注的图元；

（3）移动鼠标，在适当位置单击鼠标中键，确定尺寸的放置位置；

（4）重复上述（2）和（3）步骤，标注其他尺寸；

（5）单击中键，结束尺寸标注。

1. 线性标注

线性标注包括直线长度、两平行线的距离、点到直线的距离、两点之间的距离等，如图3-10所示。

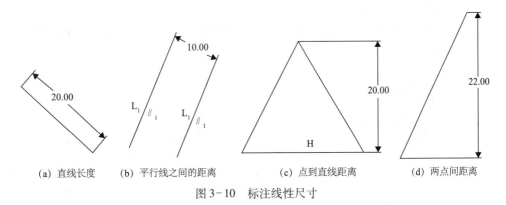

| (a) 直线长度 | (b) 平行线之间的距离 | (c) 点到直线距离 | (d) 两点间距离 |

图3-10 标注线性尺寸

（1）标注直线的长度

命令执行后，单击选取需要标注长度的直线或直线段的两个端点，以鼠标中键点取尺寸位置。

（2）标注两平行线的距离

命令执行后，单击选取需要标注距离的两条直线，以鼠标中键点取尺寸位置。

（3）标注点到直线的距离

命令执行后，单击选取点以及直线，以鼠标中键点取尺寸位置。

（4）标注两点之间的距离

命令执行后，分别单击选取两个点（包括点图元、线的端点、圆或圆弧圆心），以鼠标中键点取尺寸位置。系统根据点取的尺寸位置，标注这两个点之间的垂直或水平距离。

2. 径向标注

径向标注是指圆或圆弧的半径或直径尺寸的标注。

（1）半径的标注

命令执行后，单击选取需要标注半径的圆或圆弧，以鼠标中键点取尺寸位置，如图3-11（a）所示。

（2）直径的标注

命令执行后，双击选取需要标注直径的圆或圆弧，以鼠标中键点取尺寸位置，如图3-11（b）所示。

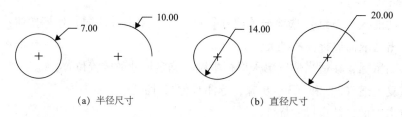

（a）半径尺寸　　　　　　　　　　（b）直径尺寸

图3-11　标注径向尺寸

3. 角度标注

角度尺寸是指两非平行直线之间的夹角以及圆弧的中心角。

（1）两直线夹角标注角度

命令执行后，分别单击选取需要标注角度的两条非平行直线，以鼠标中键点取尺寸位置，如图3-12所示。

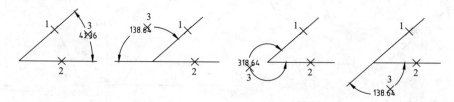

图3-12　标注两直线的夹角

（2）圆弧中心角的标注

命令执行后，依次单击该圆弧一个端点、圆心和另一个端点，以鼠标中键点取尺寸位置，如图3-13所示。

4. 对称标注

单击 ↔ 图标按钮，在1点处单击，然后选取中心线，再次单击1点，以鼠标中键点取尺寸位置，标注尺寸为12，如图3-14所示。

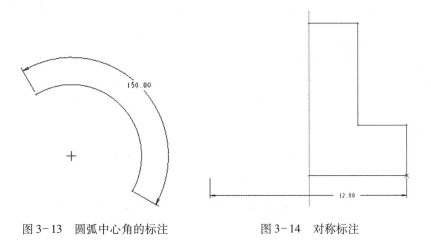

图 3-13　圆弧中心角的标注　　　　图 3-14　对称标注

5. 圆或圆弧的位置标注

圆或圆弧的位置可以由以下尺寸确定：

（1）选择圆心与参照图元，标注圆心与参照图元之间的距离。如图 3-15（a）所示。

（2）选择圆或圆弧与参照图元，标注圆周与参照图元之间的距离，系统自动将尺寸界线与所选的圆或圆弧相切。如图 3-15（b）所示。命令执行后，分别单击选取圆或圆弧的圆周以及参照图元，以鼠标中键点取尺寸位置，即可标注圆周与参照图元之间的距离。

（3）选择两圆周，可标注两个圆周之间的距离。如图 3-15（b）所示，尺寸 3.00 为圆与圆弧的水平距离。

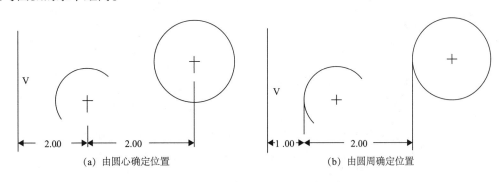

（a）由圆心确定位置　　　　　　　　　（b）由圆周确定位置

图 3-15　确定圆和圆弧的位置

6. 圆角位置标注

由于在两条非平行的直线之间倒圆角时，二直线从切点到交点之间的线段被修剪掉。如需要标注交点的位置，倒圆角后标注两圆心之间的距离，即可确定圆角的位置。如图 3-16所示。

7. 周长标注

（1）标注圆的周长

在功能区【草绘】选项卡【尺寸】区域中，单击【周长】图标按钮，此时系统弹

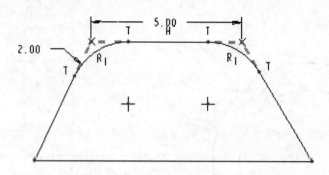

图3-16　标注圆角位置

出"选择"对话框，并且系统提示【选择由周长尺寸控制总尺寸的几何】，选取需要标注的轮廓，单击"选择"对话框中的"确定"按钮，再选取如图3-17（a）所示的尺寸10，此时系统在图形中显示出周长尺寸。

　　（2）标注矩形的周长

　　在功能区【草绘】选项卡【尺寸】区域中，单击【周长】▭图标按钮，此时系统弹出"选择"对话框，并且系统提示【选择由周长尺寸控制总尺寸的几何】，按住 ctrl 键，选取需要标注的轮廓，单击"选择"对话框中的"确定"按钮，再选取如图3-17（b）所示的尺寸10，此时系统在图形中显示出周长尺寸。

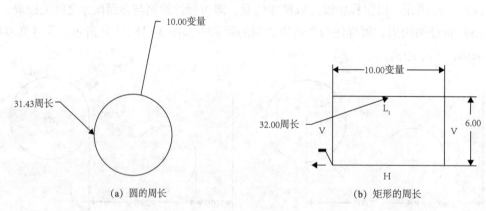

(a) 圆的周长　　　　　　　　　(b) 矩形的周长

图3-17　周长标注

3.2.2　修改尺寸

　　设计时一般都需要修改弱尺寸或手动标注的强尺寸，进行设计变更。使用【修改尺寸】对话框可修改几何图元的尺寸数值。调用命令的方式如下：

　　方式一：

　　（1）单击中键，退出当前正在使用的草绘或标注。

　　（2）在需要修改的尺寸数字上双击，此时系统出现尺寸修正框。

　　（3）在尺寸修正框内输入新的尺寸数值后，按回车键完成。

方式二：单击【草绘】功能选项卡【编辑】区域中的 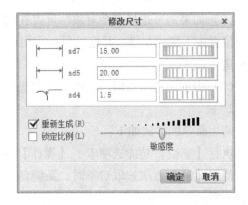 修改 图标按钮。

操作步骤如下：

（1）在【草绘】功能选项卡【编辑】区域中，单击【修改】图标按钮，启动【修改】命令；

（2）选取需要修改的某个尺寸文本；

（3）系统弹出【修改尺寸】对话框，如图3-18所示。继续选取其他需要修改的尺寸，则所有选择的尺寸均列在对话框中；

（4）取消【重新生成】复选框（默认为选中）；

（5）依次在各尺寸的文本框中输入新的尺寸数值，回车；

图3-18 【修改尺寸】对话框

（6）单击【确定】按钮，系统再生二维草图，并关闭对话框。

操作及选项说明如下：

（1）默认设置下，每输入一个新的数值回车后，系统随即再生草图，致使草图形状发生变化，如果输入的数值不合适，则会造成计算失败。故一般在修改尺寸数值之前，执行上述（4）取消【再生】复选框，在所有的尺寸数值输入后，单击【确定】按钮，系统才再生草图。

（2）在【修改尺寸】对话框中，单击并拖动每个尺寸文本框右侧的旋转轮盘，或在旋转轮盘上使用鼠标滚轮，动态修改尺寸数值。需要增大尺寸值，可以向右拖动相应旋转轮盘，或是在相应的旋转轮盘上，使用鼠标滚轮向前滚动。需要减少尺寸值，则操作相反。

（3）【锁定比例】复选框默认为不选中。一个尺寸发生变化，随即改变草图形状。当选中【锁定比例】复选框时，一个尺寸数值改变后，被选择的尺寸将一起发生变化，保证尺寸数值之间的比例关系。

（4）在修改线性尺寸时，可以输入一个负尺寸值，可以使图元改变方向。在"草绘"模式中，负号显示在尺寸中，但在"零件"模式中，尺寸值以正值显示。

3.3 选择图元

在编辑二维草图时，常常需要选择几何图元、几何约束、尺寸等，被选中的对象呈现绿色。Creo3.0提供了【依次】、【链】、【所有几何】、【全部】四种选取对象的方法。

1. 依次

调用命令的方式如下：

执行【草绘】功能选项卡 |【操作】区域 |【选择】 |【依次】命令。

操作说明如下：

（1）在某一对象上单击，则选择该对象，被选中的对象呈现绿色。

（2）如果需要选择多个对象，可以在按下 Ctrl 键的同时，依次在各对象上单击；或在适当位置按下鼠标左键，并拖动鼠标，构成一个选择窗口，松开鼠标左键，则窗口内的对象被选中。

（3）当创建选项集后，系统在【状态】栏上的【所选项目】区域指示已选取 n 个。

2. 链

调用命令的方式如下：

执行【草绘】功能选项卡 |【操作】区域 |【选择】 |【链】命令。

使用【链】方法选取对象时，系统信息区提示【选取作为所需链的一端或所需环一部分的图元】，单击其中一个图元，按住 Ctrl 即可选中与该对象具有公共顶点或相切关系的连续的多条边或曲线。

3. 所有几何

调用命令的方式如下：

执行【草绘】功能选项卡 |【操作】区域 |【选择】 |【所有几何】命令。

使用【所有几何】方法选取对象时，系统自动选取所有的几何图元。

4. 全部图元

调用命令的方式如下：

执行【草绘】功能选项卡 |【操作】区域 |【选择】 |【全部】命令。

使用【全部】方法选取对象时，系统自动选取所有的几何图元、几何约束、尺寸。

3.4 删除图元

操作步骤如下：

（1）选取需要删除的图元（被选中的图元变红）；

（2）单击"Delete"键（或右击，在弹出的快捷菜单中选中【删除】命令），系统随即删除选定的图元。

3.5 修剪图元

利用修剪功能可以将不需要的部分图元修剪掉。

3.5.1 拖动式修剪图元

采用鼠标拖动端点的方式可以修剪线段或圆弧。

操作方法如下：

移动鼠标至线段或圆弧的端点上，按住 Ctrl 键并按下左键不放，拖动该端点，线段在其方向上被修剪，如图 3-19（a）所示，圆弧在其圆周上被修剪，如图 3-19（b）所示。

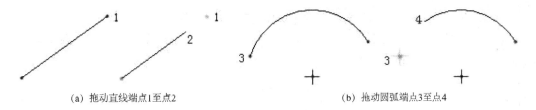

(a) 拖动直线端点1至点2　　　　　　　　　(b) 拖动圆弧端点3至点4

图 3-19　拖动方式修剪图元

3.5.2　动态修剪图元

调用命令的方式如下：

单击【草绘】功能选项卡【编辑】区域中的 删除段 图标按钮。

操作步骤如下：

（1）在草绘选项卡中，单击【删除段】图标按钮，启动修剪的【删除段】命令；

（2）单击选取需要修剪的图元，系统将其显示绿色后，随即删除该图元。如图 3-20（b）所示，水平线段与右侧圆的切点右侧被修剪。

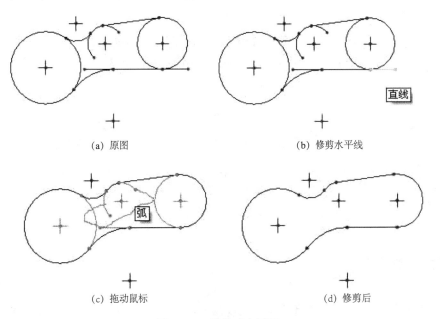

(a) 原图　　　　　　　　　(b) 修剪水平线

(c) 拖动鼠标　　　　　　　　　(d) 修剪后

图 3-20　修剪动态图元

3.5.3　拐角修剪

调用命令的方式如下：

49

单击【草绘】功能选项卡【编辑】区域中的 ⌐ 拐角 图标按钮。

操作步骤如下：

（1）在草绘选项卡中，单击【拐角】图标按钮，启动修剪的【拐角】命令；

（2）系统提示【选取要修整的两个图元。】时，单击选取两条线，则系统自动修剪或延伸所选的两条线，如图 3-21 所示。

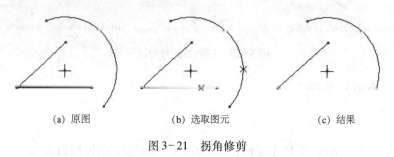

(a) 原图　　　　　　　(b) 选取图元　　　　　　(c) 结果

图 3-21　拐角修剪

3.5.4　分割图元

调用命令的方式如下：

单击【草绘】功能选项卡【编辑】区域中的 ⌐ 分割 图标按钮。

操作步骤如下：

（1）在草绘功能选项卡中，单击【分割】图标按钮，启动修剪的【分割】命令；

（2）在要分割的位置单击图元，则系统在指定位置将所选的图元分割成两段，如图 3-22所示。

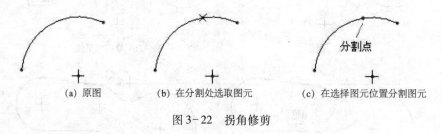

(a) 原图　　　　　(b) 在分割处选取图元　　　(c) 在选择图元位置分割图元

图 3-22　拐角修剪

3.6　镜像图元

利用中心线作为对称线，将几何图元镜像复制到中心线的另一侧。对于对称的二维草图，可以只画对称中心线一侧的半个图形，然后使用镜像命令，复制得到另一侧图形，这样可以减少尺寸数。

调用命令的方式如下：

单击【草绘】功能选项卡【编辑】区域中的 镜像 图标按钮。

操作步骤如下：

（1）选取需要镜像的几何图元；

（2）在【草绘】功能选项卡【编辑】区域中，单击【镜像】图标按钮，启动【镜像】命令；

（3）系统提示【选择一条中心线。】时，单击选取中心线作为镜像线，系统将所选图元镜像至中心线的另一侧。如图3-23所示；

（4）单击左键，结束命令。

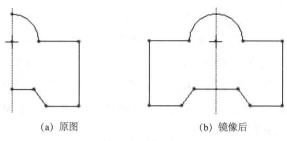

(a) 原图   (b) 镜像后

图3-23　镜像图元

3.7　旋转图元

利用【移动和调整大小】功能可以将选定的图元移动、缩放和旋转。

调用命令的方式如下：

单击　**草绘**　功能选项卡【编辑】区域中的🔄 旋转调整大小图标按钮。

操作步骤如下：

（1）选取几何图元；

（2）在【草绘】功能选项卡【编辑】区域中，单击【旋转调整大小】图标按钮，启动【旋转调整大小】命令；

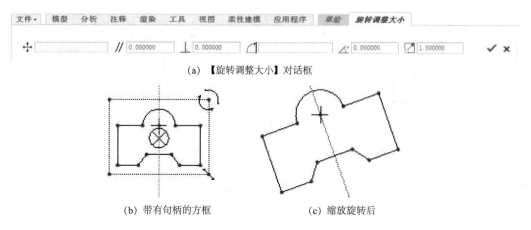

(a)【旋转调整大小】对话框

(b) 带有句柄的方框   (c) 缩放旋转后

图3-24　移动和调整图元

（3）系统出现【移动和调整大小】选项卡，如图3-24（a）所示，并在图形区显示带有控制滑块句柄的虚线方框。如图3-24（b）所示；

（4）在【移动和调整大小】选项卡中输入缩放比例或旋转角度；

（5）单击 ✔ 图标按钮，确认并退出。

3.8 复制图元

通过复制操作可以将选定的对象放置于剪贴板中，再使用粘贴操作将复制到剪贴板中的对象粘贴到当前窗口的草绘区域（活动草绘器）中。可以进行复制的对象有几何图元、中心线以及与选定几何图元相关的强尺寸和约束等。允许多次使用剪贴板上复制或剪切的草绘几何。可以在多个草绘器窗口中通过复制粘贴操作来移动某个草图对象。被粘贴的草绘图元可以平移、旋转或缩放。

3.8.1 复制图元

调用命令的方式如下：

单击【草绘】功能选项卡【操作】区域中的【复制】 图标按钮。

操作步骤如下：

（1）将需要进行复制操作的草绘窗口激活为当前活动窗口；

（2）选择需要复制的对象，如图3-25（a）所示的整个图元；

（3）单击【草绘】功能选项卡【操作】区域中的【复制】图标按钮，启动【复制】命令，系统将选定的图元及其相关的强尺寸和约束一起复制到剪贴板上。

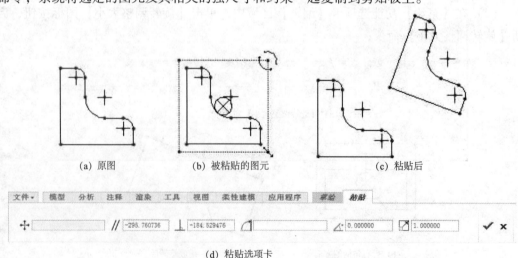

(a) 原图   (b) 被粘贴的图元   (c) 粘贴后

(d) 粘贴选项卡

图3-25 复制粘贴图元

3.8.2 粘贴图元

调用命令的方式如下：

单击【草绘】功能选项卡【操作】区域中的【粘贴】 图标按钮。

操作步骤如下：

（1）将需要进行粘贴操作的草绘窗口激活为当前活动窗口；

（2）单击【粘贴】图标按钮，启动【粘贴】命令；

（3）单击确定放置粘贴图元的位置；

（4）系统弹出如图 3-25（d）所示的【粘贴】选项卡，同时被粘贴图元的中心在指定位置，并位于带有句柄的虚线方框内，如图 3-25（b）所示；

（5）和（6）同本书第 3.7 小节的（4）和（5）步骤。

3.9 解决约束和尺寸冲突问题

有时在手动添加几何约束和尺寸时，如果有多余的约束或尺寸存在，就会与已有的强约束或强尺寸发生冲突，如图 3-26 所示。两条水平线已有水平约束和相切约束，且标注有半径尺寸 5，如再标注宽度尺寸，就会发生约束和尺寸冲突，此时，【草绘】系统会加亮显示冲突的约束和尺寸，如图 3-26 所示的尺寸 5、10，以及下面的【水平】约束 H。同时弹出【解决草绘】对话框，如图 3-27 所示，提示用户相冲突的约束和尺寸，给出解决冲突的处理方法，用户必须使用一种方法，删除加亮的尺寸或约束之一。

操作及选项说明如下：

（1）单击【撤消】按钮，取消正在添加的约束或尺寸，回到导致冲突之前的状态。

（2）选取某个约束或尺寸，单击【删除】按钮，将其删除。

（3）当存在冲突尺寸时，【尺寸＞参考】按钮亮显，选取一个尺寸，单击该按钮，将所选尺寸转换为参考尺寸。如图 3-28 所示的尺寸 10。

（4）选取一个约束，单击【解释】按钮，【草绘器】将加亮与该约束有关的图元。可以获取该约束的说明。

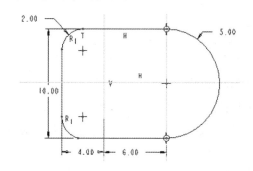

图 3-26 标注多余尺寸

图 3-27 【解决草绘】对话框

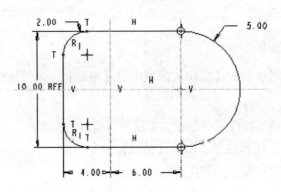

图3-28　将选定的多余尺寸转换为参考尺寸

3.10　习题

1. 根据图3-29所示的平面图形，绘制与编辑其二维草图。主要涉及的命令包括【直线】命令、【圆弧】命令、【圆角】命令、【圆】命令、【修剪】命令、【镜像】命令、【约束】命令、【标注尺寸】命令、【修改尺寸】命令等。

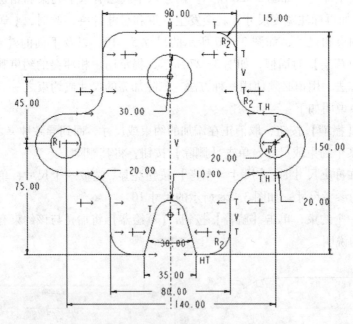

图3-29　复杂二维草图的绘制与编辑（一）

2. 根据图3-30所示的平面图形，绘制与编辑其二维草图。主要涉及的命令包括【直线】命令、【修剪】命令、【镜像】命令、【复制】命令、【粘贴】命令、【约束】命令、【标注尺寸】命令、【修改尺寸】命令等。

3. 按约束条件和尺寸绘制如图3-31所示的二维草图。

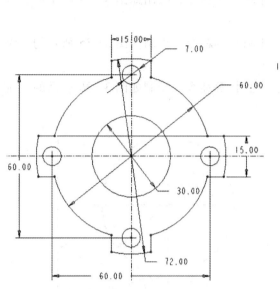

图3-30 复杂二维草图的绘制与编辑（二）

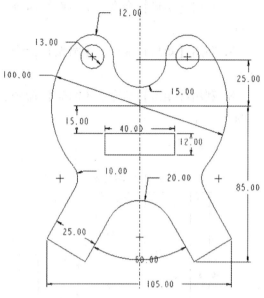

图3-31 绘制二维草图

4. 利用【矩形】命令、【圆弧】命令、【圆】等命令，绘制如图3-32所示的二维草图。

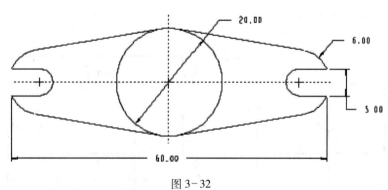

图 3-32

5. 利用【矩形】命令、【圆弧】命令、【圆】等命令，绘制如图3-33所示的二维草图。

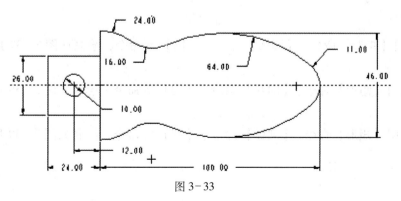

图 3-33

6. 利用【矩形】命令、【圆弧】命令、【圆】等命令，绘制如图 3-34 所示的二维草图。

7. 利用【矩形】命令、【圆弧】命令、【圆】等命令，绘制如图 3-35 所示的二维草图。

8. 利用【矩形】命令、【圆弧】命令、【圆】等命令，绘制如图 3-36 所示的二维草图

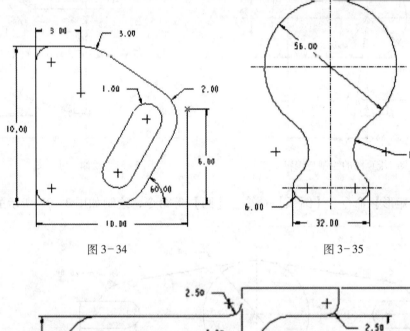

图 3-34   图 3-35

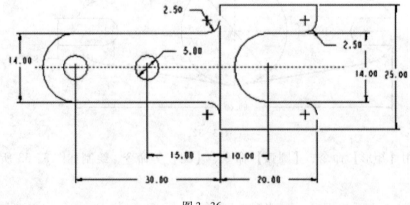

图 3-36

9. 利用【矩形】命令、【圆弧】命令、【圆】等命令，绘制如图 3-37 所示的二维草图。

10. 利用【矩形】命令、【圆弧】命令、【圆】等命令，绘制如图 3-38 所示的二维草图。

11. 利用【矩形】命令、【圆弧】命令、【圆】等命令，绘制如图 3-39 所示的二维草图。

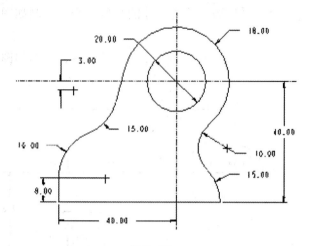

图 3-37

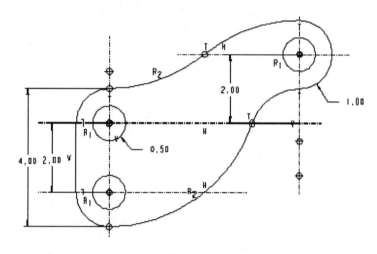

图 3-38

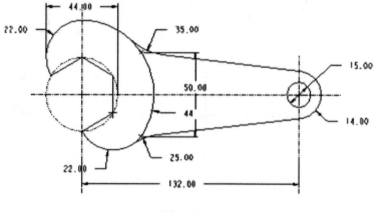

图 3-39

12. 利用【矩形】命令、【圆弧】命令、【圆】等命令，绘制如图 3-40 所示的二维草图。

13. 利用【矩形】命令、【圆弧】命令、【圆】等命令，绘制如图 3-41 所示的二维草图。

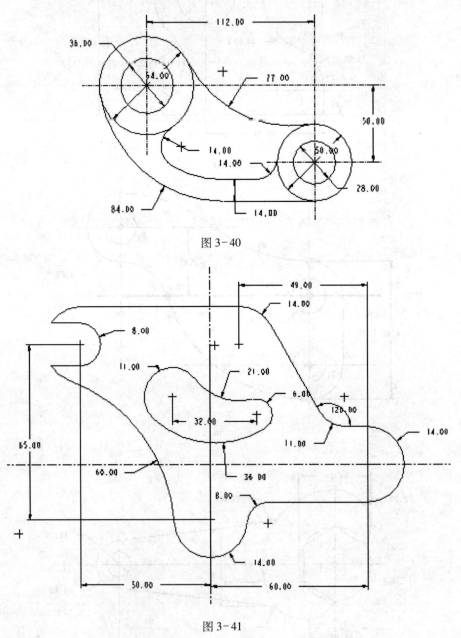

图 3-40

图 3-41

第4章　基准特征的创建

本章将介绍的内容如下：
（1）创建基准平面。
（2）创建基准轴。
（3）创建基准点。
（4）创建基准曲线。
（5）创建基准坐标系。

4.1　基准平面的创建

4.1.1　创建基准平面

1. 通过一平面创建基准平面

将参照平面沿法向方向偏移指定距离来创建基准平面。参照平面可以是基准平面、实体平面或其他形式的平面。基准平面既可以作为特征的草绘平面或参照平面，也可以用作尺寸定位或约束参照。调用命令的方式如下：

单击　**模型**　功能选项卡　**基准▾**　区域中的【平面】　▱　图标按钮。

操作步骤如下：
（1）创建三维模型文件 prt 4 - 1，如图 4-1 所示；
（2）单击【模型】功能选项卡【基准】区域中的【平面】图标按钮，弹出【基准平面】对话框，如图 4-1 所示；
（3）在模型中选择如图 4-2 所示的平面，作为基准平面的参照，此时基准平面对话框如图 4-3 所示；
（4）设置约束类型为【偏移】模式（此为默认选项），并输入平移偏距值为50，回车，模型显示如图 4-4 所示；
（5）单击【基准平面】对话框中的【确定】按钮，完成基准平面的创建，如图 4-5 所示。

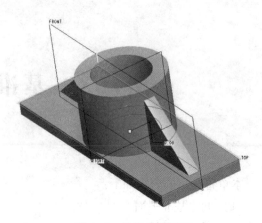

图 4-1 【基准平面】对话框   图 4-2 选取参照平面

图 4-3 选中的参照平面

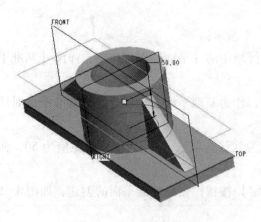

图 4-4 基准平面预显示   图 4-5 通过一平面创建基准平面

2. 通过三点创建基准平面

这是一种比较基本的创建基准平面的方法，操作过程也很简单，它是利用【穿过】三点确定一平面来创建的。

操作步骤如下：

（1）～（2）同上（通过一平面创建基准平面）；

（3）选择 A 点作为创建基准平面的第一个参照点；

（4）按住 Ctrl 键不放，选择 B 点作为创建基准平面的第二个参照点；

（5）继续按住 Ctrl 键不放，选择 C 点作为创建基准平面的第三个参照点，如图 4-6 所示；

（6）单击【确定】按钮，创建基准平面，如图 4-7 所示。

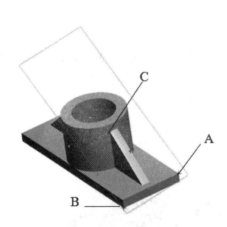 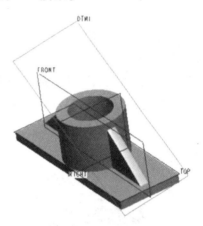

图 4-6 选择参照点　　　　　图 4-7 通过三点创建基准平面

3. 通过两条直线创建基准平面

通过这种方式创建基准平面，主要利用的是空间两直线的平行或垂直关系，创建"穿过"两条平行线或"穿过"一条直线而"法向于"另外一条直线的基准平面。

操作步骤如下：

（1）～（2）同上（1）～（2）两步骤；

（3）选择直线 A 作为创建基准平面的第一条参照直线，并设置约束类型为【穿过】模式（此为默认设置）；

（4）按住 Ctrl 键不放，选择直线 B 作为第二条参照直线，设置约束类型为【法向】模式。如图 4-8 所示；

（5）单击【确定】按钮，创建基准平面如图 4-9 所示。

4. 通过一点与一面创建基准平面

运用一点与一面来创建基准平面，创建的基准平面"穿过"该点，且与选择的参照平面平行、垂直或相切。

操作步骤如下：

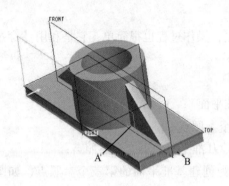

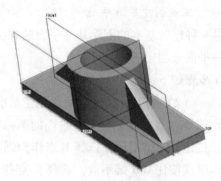

图4-8　选择两直线　　　　　图4-9　通过两直线创建基准平面

（1）～（2）同上（1）～（2）两步骤；

（3）选择 A 点作为创建基准平面的参照点；

（4）按住 Ctrl 键不放，选择平面 B 作为创建基准平面的参照平面，并设置约束类型为【平行】模式（此为默认设置，如图4-10所示；

（5）单击【确定】按钮，创建基准平面，如图4-11所示。

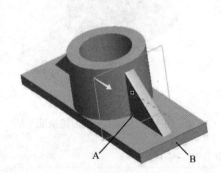

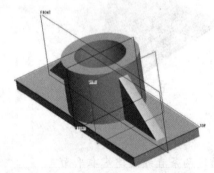

图4-10　选择一点与一面　　　　图4-11　通过一点与一平面创建基准平面

5. 通过两点与一面创建基准平面

通过该方式创建基准平面需要在模型上选择两个点和一个面作为参照，创建的基准平面"穿过"这两个点且"平行"或"法向"于参照面。这两个点可以包含在该参照面内，也可以不包含。

操作步骤如下：

（1）～（2）同上（1）～（2）两步骤；

（3）选择 A 点作为创建基准平面的参照点；

（4）按住 Ctrl 键不放，选择 B 点作为创建基准平面的第二个参照点；

（5）继续按住 Ctrl 键不放，选择平面 C 作为参照平面，并设置约束类型为【法向】模式（此为默认设置），如图4-12所示；

（6）单击【确定】按钮，创建基准平面，如图4-13所示。

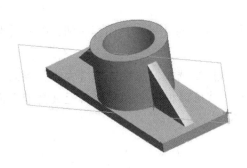

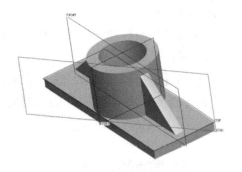

图4-12　选择两点与一面　　　　图4-13　通过两点与一平面创建基准平面

6. 通过一直线和平面创建基准平面

通过一直线与平面创建基准平面也是比较常用的方法，其中的直线可以是实体边线或轴线。该方法常用来创建与参照平面呈一定角度的基准平面。

操作步骤如下：

（1）～（2）同上（1）～（2）两步骤；

（3）选择直线 A 作为创建基准平面的参照直线，并设置约束类型为【穿过】模式（此为默认设置）；

（4）按住 Ctrl 键不放，选择平面 B 作为创建基准平面的参照平面，并设置约束类型为【偏移】模式（此为默认设置）；

（5）在对话框的【偏距】文本框中输入旋转角度值45，回车，如图4-14所示；

（6）单击【确定】按钮，创建基准平面 DTM1，如图4-15所示。

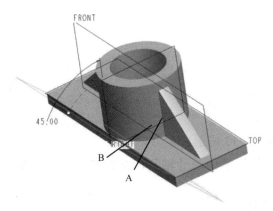

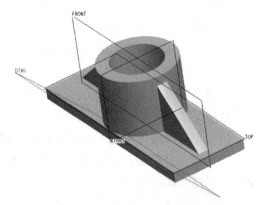

图4-14　选择一直线与一平面　　　　图4-15　通过一直线与一平面创建基准平面

4.1.2　操作及选项说明

在创建基准平面时，系统会根据模型的大小自动调整基准平面的大小，有时这种默认的大小会妨碍建模过程中的观察，这时可以对其大小进行调整。

操作步骤如下：

（1）单击【模型】功能选项卡的【基准】区域中的【平面】图标按钮，打开【基准平面】对话框；

（2）选择【显示】选项卡，选中【调整轮廓】复选框，然后选择【大小】模式，在【宽度】和【高度】文本框中输入相应值。这样就可以根据实际需要自定义基准平面的大小。

4.2　基准轴的创建

在 Creo3.0 中，基准轴主要作为柱体、旋转体以及孔特征等的中心轴线，也可以在创建特征时用作定位参照，以及在阵列操作过程中作为中心参照等。调用命令的方式如下：

单击 模型 功能选项卡的 基准 区域中的 / 轴 图标按钮。

4.2.1　创建基准轴

与创建基准平面一样，创建基准轴的方式也有很多种，它们的创建方法类似。用户并不需要记住这些创建方法，应该是在创建过程中学会灵活运用。

方式如下：

（1）通过两点创建基准轴。

（2）通过一点与一平面创建基准轴。

（3）通过两个不平行平面创建基准轴。

（4）通过曲线上一点并相切于曲线创建基准轴。

（5）通过圆弧轴线创建基准轴。

（6）通过垂直于曲面创建基准轴。

1. 通过两点创建基准轴

操作步骤如下：

（1）创建三维模型文件 prt 4-2-1，如图 4-17 所示；

（2）单击【模型】功能选项卡的【基准】区域中的【轴】图标按钮，弹出【基准轴】对话框，如图 4-16 所示；

（3）选择 A 点作为创建基准轴的第一个参照点；

（4）按住 Ctrl 键不放，选择 B 点作为创建基准轴的第二个点，如图 4-17 所示。此时【基准轴】对话框如图 4-18 所示；

（5）单击【基准轴】对话框中的【确定】按钮，完成基准轴的创建，如图 4-19 所示。

图 4-16　【基准轴】

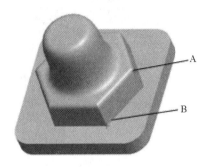

图 4-17　选取参照点

图 4-18　对话框中参照设置

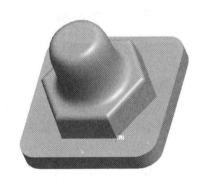

图 4-19　通过两点创建基准轴

2. 通过一点与一平面创建基准轴

该方式是通过一点创建垂直于平面的基准轴。在通常情况下，可以选取实体边线上的顶点、交点以及在该平面上所创建的基准点等类型的点，然后再选取一参照平面。

操作步骤如下：

（1）～（2）同上（1）～（2）两步骤；

（3）选取 A 点作为创建基准轴的参照点；

（4）按住 Ctrl 键不放，选择 B 平面作为参照平面，设置约束类型为【法向】模式，如图 4-20 所示；

（5）单击【确定】按钮，创建基准轴，如图 4-21 所示。

3. 通过两个不平行平面创建基准轴

该方式是根据空间两个不平行平面相交，有且只有一条公共交线来创建基准轴。这种相交包括两平面在延长面内相交或平面与圆弧面的相切。

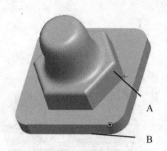

图 4-20　选择一点与一面　　　　　　图-21　通过一点与一面创建基准轴

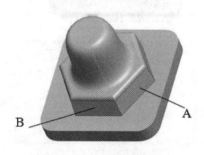

图 4-22　选择两平面　　　　　　　图 4-23　通过两平面创建基准轴

操作步骤如下：

（1）～（2）同上（1）～（2）两步骤；

（3）选择平面 A 作为创建基准轴的第一个参照平面，并设置约束类型为【穿过】模式；

（4）按住 Ctrl 键不放，选择 B 平面作为第二个参照平面，设置约束类型为【穿过】模式，如图 4-22 所示；

（5）单击【确定】按钮，创建基准轴，如图 4-23 所示。

4. 通过曲线上一点并相切于曲线创建基准轴

该方法主要运用了在同一平面内，有且只有一条直线通过曲线上的一点并与曲线相切。这里的曲线包括圆、圆弧以及样条曲线等。

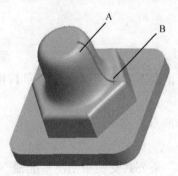

图 4-24　选择曲线及曲线上一点　　　图 4-25　通过曲线及曲线上一点创建基准轴

操作步骤如下：

（1）～（2）同上（1）～（2）两步骤；

（3）选择曲线 A 作为创建基准轴的曲线参照，并设置约束类型为【相切】模式；

（4）按住 Ctrl 键不放，选择曲线 A 上一点 B 作为参照点，如图 4-24 所示；

（5）单击【确定】按钮，创建基准轴，如图 4-25 所示。

5. 通过圆弧轴线创建基准轴

在 Creo3.0 中创建圆柱体、孔等特征时，系统会自动生成相应的基准轴。而对于模型中的倒圆角、圆弧过渡等特征，则可以根据实体的圆弧部分，创建出与轴线同轴的基准轴。

操作步骤如下：

图 4-26　选择实体倒圆角边线　　　　图 4-27　通过圆弧轴线创建基准轴

（1）～（2）同上（1）～（2）两步骤；

（3）选择如图 4-26 所示的实体倒圆角边线作为创建基准轴的参照，并设置约束类型为【中心】模式（此为默认设置）；

（4）单击【确定】按钮，创建基准轴，如图 4-27 所示。

6. 通过垂直于曲面创建基准轴

通过这种方式创建基准轴，除了运用前面所讲的放置参照外，还需要运用到偏移参照。其方法是利用通过曲面上的一点，加上两个定值的约束来确定出一条唯一的基准轴。

操作步骤如下：

（1）～（2）步骤同上（1）～（2）两步骤；

（3）在模型中选择用来放置基准轴的曲面，采用默认的约束类型设置，如图 4-28 所示。然后单击【基准轴】对话框中的【偏移参照】收集器，将其激活；

（4）选择平面 A 作为第一个偏移参照平面；

（5）按住 Ctrl 键不放，选择平面 B 作为第二个偏移参照平面。如图 4-29 所示；

（6）在【偏移参照】收集器中修改偏移值分别为 40 和 30，如图 4-30 所示；

（7）单击【基准轴】对话框中的【确定】按钮，完成基准轴创建，结果如图 4-31 所示。

图4-28 选择曲面参照

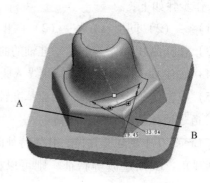

图4-29 选取偏移参照

图4-30 输入偏移值

图4-31 通过垂直于曲面创建基准轴

4.2.2 操作及选项说明

1. 【放置】选项卡

(1)【参考收集器】使用该收集器选取放置创建基准轴的参考，并选择参考模式。参考的模式包括如下几种。

【穿过】表示基准轴通过选定的参考。

【法向】放置垂直于选定参考的基准轴。该模式的参考还需要用到添加附加点或在【偏移参考】收集器中定义参照来进行约束。

【相切】放置与选定参考相切的基准轴。该模式需要添加附加点作为参考。

【中心】通过选定圆弧的中心，且垂直于该圆弧所在的平面。

(2)【偏移参考收集器】若【参考】收集器中所选参考的模式为【法向】，则可以激活该收集器选取偏移参考。

2. 【显示】选项卡

【显示】选项卡中【调整轮廓】复选框允许调整基准轴轮廓的长度，它包含有以下选项。

（1）【大小】允许将基准轴的长度显示调整到指定的长度，可以通过使用控制柄手动调整或在【长度】文本框中输入具体数值精确调整。

（2）【参考】可以调整基准轴轮廓的长度使其与选定参考相拟合。

4.3　基准点的创建

基准点不但可以用来构成其他基本特征，还可以作为创建拉伸、旋转等基础特征时的终止参照，以及作为创建孔特征、筋特征的放置和偏移参考对象。基准点包括草绘基准点、放置基准点、偏移坐标系基准点和域基准点，本节介绍的是前两种。

4.3.1　草绘基准点创建

在 Creo 中，草绘基准点就是在所选取的草绘平面上创建的基准点，一般可以用来分割图元或作为修改节点来使用。调用命令的方式如下：

图标方式：单击 基准▾ 区域中的 ╳ 点 图标按钮。

操作步骤如下：

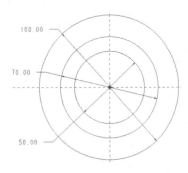

(a) 实体模型　　　　　　　　　　(b) 截面尺寸

图4-32　创建草绘基准点源文件

（1）创建实体模型 prt4-3-1，如图4-32所示；

（2）选择图4-33所示的平面作为草绘平面，采用系统默认参考和方向，单击【草绘】按钮，进入草绘模式。将要在实体模型上表面圆环的 1/2 处，即 $D=85$ 处创建一个基准点；

（3）在【草绘】选项卡的【基准】区域中单击【点】图标按钮；

（4）在适当位置单击，然后单击鼠标中键，创建一个点，如图4-34所示；

（5）按照要求定义好尺寸（方法同点的尺寸标注），如

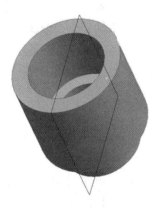

图4-33　选择草绘平面

图4-35所示，点击【确定】按钮，完成草绘点的创建。

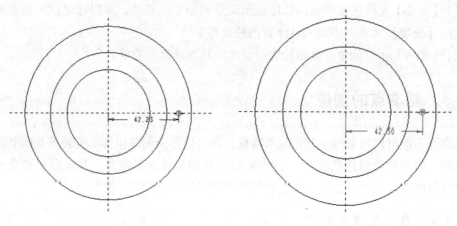

图4-34　创建草绘基准点　　　　　图4-35　创建完成的草绘基准点

4.3.2　放置基准点的创建

放置基准点的创建方法与前两节所讲的创建基准平面和基准轴的方法类似，创建时首先需要定义放置参考，然后再选择偏移参考用于设置基准点的定位尺寸。可以通过多种方式来创建放置基准点。调用命令的方式如下：

单击 模型 功能选项卡 基准▼ 区域中的 ×× 点 ▼ 图标按钮。

下面将从以下几方面介绍基准点的创建：

（1）在曲线和边线上创建基准点。

（2）在曲线的交点处创建基准点。

（3）在曲线与曲面的交点处创建基准点。

（4）在圆的中心创建基准点。

（5）通过偏移点创建基准点。

（6）通过三个相交面创建基准点。

1．在曲线和边线上创建基准点

该创建方式主要是在曲线或实体的边线上创建基准点，包括【曲线末端】和【参考】两种模式。

操作步骤如下：

（1）创建实体模型 prt4－3－2，如图4－37所示；

（2）单击【模型】功能选项卡【基准】区域中【点】图标按钮，弹出【基准点】对话框，如图4－36所示；

图4-36　【基准点】对话框

（3）在模型中选择一条边线，作为创建基准点的参照，如图4-37所示；

（4）在对话框的【放置】选项栏中选中【曲线末端】单选按钮；

（5）选择【比率】方式，并在【偏移】文本框中输入比率值0.8；

（6）单击对话框中的【确定】按钮，完成基准点的创建，结果如图4-38所示。

图4-37　实体模型　　　　　　　　　　图4-38　【曲线末端】方式创建基准点

2. 在曲线的交点处创建基准点

该方式需要用到空间中相交或相异的两条曲线或实体边线。若是相交关系，则在交点处创建基准点，如果有多个交点，可以单击【参考】收集器下的【下一相交】按钮来进行切换。若是相异的关系，则会在一条曲线上创建基准点，基准点的位置在两条曲线的最短距离处。

操作步骤如下：

（1）～（2）同上（1）～（2）两步骤；

（3）选择曲线A作为创建基准点的第一条参考曲线，并设置其约束类型为【在其上】模式；

（4）按住Ctrl键不放，选择曲线B作为创建基准点的第二条参考曲线，并设置其约束类型为【在其上】模式（此为默认设置）。如图4-39所示；

（5）单击【确定】按钮，创建的基准点如图4-40所示。

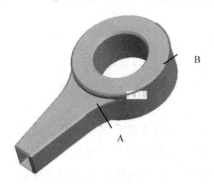 

图4-39　选择曲线　　　　　　　　　　图4-40　在曲线的交点处创建基准点

3. 在曲线与曲面的交点处创建基准点

该方式是运用曲线与曲面相交处产生交点的原理来创建基准点，在操作过程中，不仅是曲线与曲面，也可以是实体边线和平面。

操作步骤如下：

（1）～（2）同上（1）～（2）两步骤；

（3）选择曲线 A 作为创建基准点的第一条参考曲线，并设置其约束类型为【在其上】模式；

（4）按住 Ctrl 键不放，选择曲面 B 作为创建基准点的参考面，采用默认的约束类型设置。如图 4-41 所示；

（5）单击【确定】按钮，创建的基准点如图 4-42 所示。

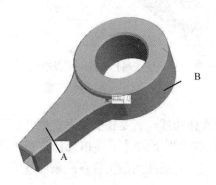

图 4-41　选择曲线与曲面　　　　图 4-42　在曲线与曲面的交点处创建基准点

4. 在圆的中心创建基准点

对于圆这种特殊的几何形态，既可以在它的中心创建基准点，也可以在圆弧上创建基准点。在设置约束类型时，可以选择【在其上】模式或是【居中】模式。【在其上】模式即为前面讲的【在曲线和边线上创建基准点】；若选择【居中】模式，则创建的基准点则在圆心处。

操作步骤如下：

（1）～（2）同上（1）～（2）两步骤；

（3）选择如图 4-43 所示的圆弧作为创建基准点的参考曲线，并设置其约束类型为【居中】模式；

（4）单击【确定】按钮，创建的基准点如图 4-44 所示。

5. 通过偏移点创建基准点

除了通过线与面创建基准点之外，还可以通过点来创建基准点，主要是通过偏移的方式来实现的。用来作为偏移参考的点包括图形中的各种类型的点，此外，还需要用到辅助参考，辅助参考可以是实体边线、曲线、平面的法向方向以及坐标系中的坐标轴。在辅助参考的规定下，偏移点沿指定方向偏移一定的距离来创建基准点。相关过程如图 4-45 和 4-46 所示。

图4-43　选择圆弧曲线　　　　　　　　　图4-44　在圆的中心创建基准点

图4-45　选择点与边线　　　　　　　　　图4-46　通过偏移点创建基准点

6. 通过三个相交面创建基准点

该方式利用三个相交面在相交处创建基准点，相交的面可以是曲面，也可以是平面。如果相交处有多个点，可以单击基准点对话框中的【下一相交】按钮来进行切换。

操作步骤如下：

（1）～（2）同上（在曲线与曲面的交点处创建基准点）（1）～（2）两步骤；

（3）选择曲面A作为创建基准点的第一个参考面，并设置约束类型为【在其上】模式；

（4）按住Ctrl键不放，选择曲面B作为第二个参考面；

（5）按住Ctrl键不放，继续选择曲面C作为第三个参考面，如图4-47所示；

（6）单击【确定】按钮，创建的基准点如图4-48所示。

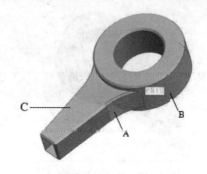

图4-47　选择曲面　　　　　图4-48　通过多个相交面创建基准点

7. 在曲面上或偏移曲面创建基准点

通过该方式创建基准点时，当选择一个曲面后，有两种创建模式。一种是【在其上】模式，选择此模式后需要继续选择两个面或一条实体边线作定位参考，用来辅助确定基准点的位置。另一种是【偏移】模式，选择这种模式后还需要选择两个平面或实体边线作为辅助定位的偏移参考，此外，这种模式还需要设置偏移的距离值。

操作步骤如下：

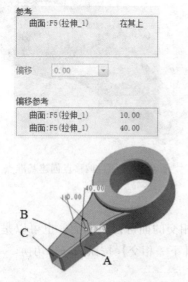

图4-49　选择参照面　　　　　图4-50　【在曲面上】模式创建基准点

（1）～（2）同上（1）～（2）两步骤；

（3）选择一个面A作为创建基准点的参考面，并设置其约束类型为【在其上】模式；

（4）单击【基准点】对话框的【偏移参考】收集器，将其激活；

（5）选择一个面 B 作为第一个偏移参照面，并设置其偏移值为 10；

（6）按住 Ctrl 键不放，选择第二个面 C 作为偏移参照面，并设置其偏移值为 40，如图 4-49 所示；

（7）单击【确定】按钮，创建的基准点如图 4-50 所示。

4.4　基准曲线的创建

在 Creo 3.0 中，基准曲线可以用来创建和修改曲面，作为扫描轨迹线或截面轮廓来创建其他特征。

4.4.1　绘制基准曲线

绘制基准曲线是指在草绘环境下通过各种方式绘制几何曲线，包括直线、圆弧、一般曲线等。在进行绘制基准曲线的操作过程中，可以利用【草绘】功能选项卡中的工具进行草绘基准曲线的绘制。

插入基准曲线的调用命令方式如下：

单击 草绘 功能选项卡的 草绘 区域中的 ∿样条 图标按钮。

操作步骤如下：

（1）创建底面为 100 × 100 高度为 50 实体模型 prt4-4-1，其中凹槽尺寸为 100 ×50 槽深为 20，如图 4-51 所示；

（2）选择图 4-51 中图形的侧面为草绘平面，单击【基准】区域中的【草绘】图标按钮，系统进入草绘模式；

（3）选择【草绘】功能选项卡的【草绘】区域中的【样条】工具，在模型上绘制一条曲线，如图 4-52 所示；

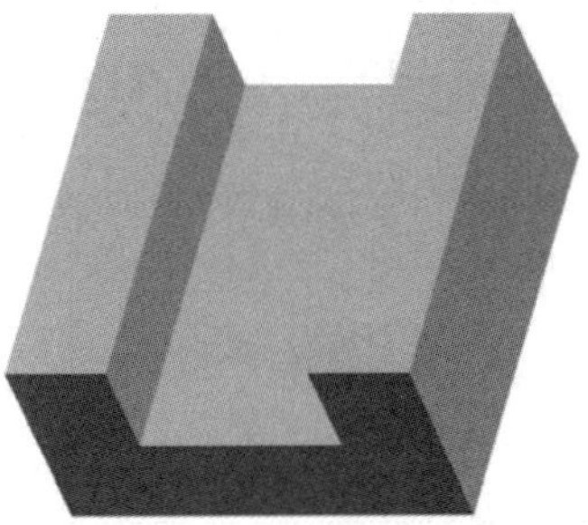

图 4-51　草绘基准曲线

（4）单击【草绘】选项卡中的【确认】图标按钮，完成基准曲线的创建，如图 4-53 所示；

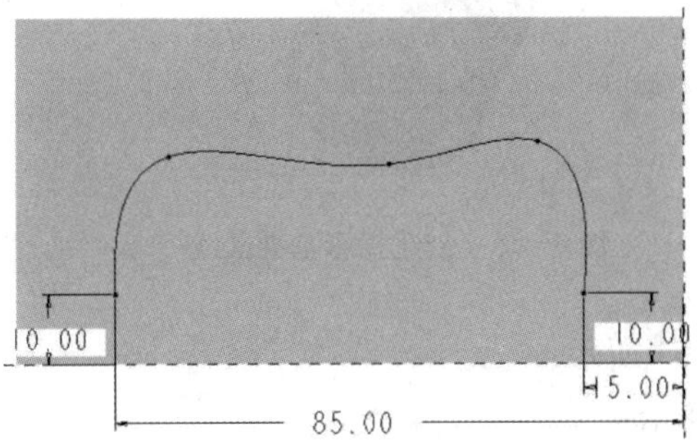

图 4-52　绘制曲线

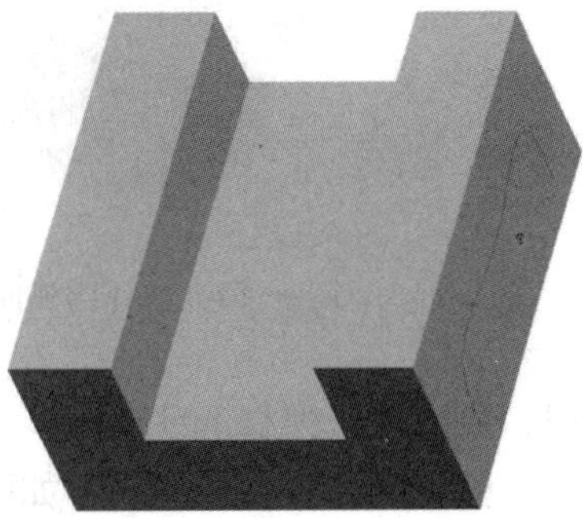

图 4-53　草绘的基准曲线

4.4.2 创建投影基准曲线

该方式是将一个面上的曲线通过【投影】命令投影到其他面上。调用命令的方式如下：

单击 模型 功能选项卡的 编辑▾ 区域中的 ✕ 投影图标按钮。

操作步骤如下：

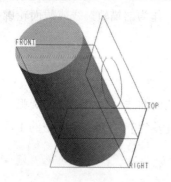

图4-54 原始模型

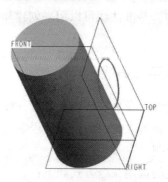

图4-55 选取投影曲线

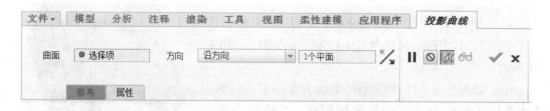

图4-56 【投影曲线】操控板

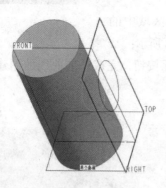

图4-57 选择圆弧曲面

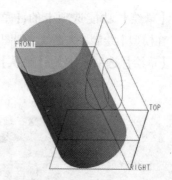

图4-58 创建投影基准曲线

（1）创建实体模型prt4-4-2，如图4-54所示；

（2）选择用来投影的曲线，如图4-55所示；

（3）单击【模型】功能选项卡的【编辑】区域中的【投影】图标按钮，系统弹出

【投影曲线】操控板，如图4-56所示；

（4）按住Ctrl键不放，选择如图4-57所示的圆柱体曲面。采用操控板上默认的设置；

（5）单击【确定】按钮，创建的基准曲线如图4-58所示。

4.4.3 经过点创建基准曲线

运用这种方式创建基准曲线，可以使用空间中的一系列点来创建基准曲线，经过的点可以是基准点、模型的顶点以及曲线的端点。调用命令的方式如下：

单击 模型 功能选项卡的 基准▼ 区域的 基准▼ 按钮，选择【曲线】选项中的【通过点的曲线】。

操作步骤如下：

（1）创建实体模型prt4-4-1，如图4-60所示；

（2）单击【模型】功能选项卡的 基准▼ 按钮，弹出∿|曲线 ▶|，然后单击【曲线】后面的【小三角】▶，选择【通过点的曲线】，然后系统弹出【曲线：通过点】操控板，如图4-59所示；

（3）单击【曲线：通过点】操控板中的【放置】选项卡，如图4-60所示；

（4）在模型上依次选择图4-61所示的几个点；

（5）选择好了创建点以后，单击【曲线：通过点】操控板中的 ✓【确认】按钮，完成基准曲线的创建，如图4-62所示。

图4-59 【曲线：通过点】操控板

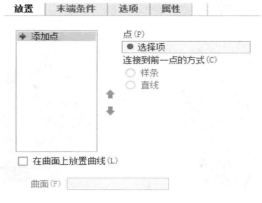

图4-60 放置选项卡

77

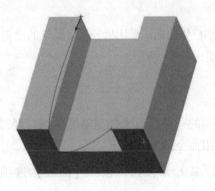

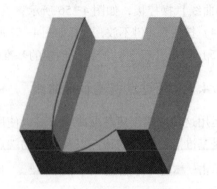

图4-61　选择创建点　　　　　　图4-62　【经过点】方式创基准曲线

4.5　基准坐标系的创建

在 Creo 中，坐标系可以用来添加到零件组件中作参考特征，常用的基准坐标系类型有笛卡尔坐标系、柱坐标系和球坐标系，其中笛卡尔坐标系为系统默认的基准坐标系。在进行三维建模时，通常使用默认坐标系。

调用命令的方式如下：

单击 模型 功能选项卡的 基准▼ 区域中的 坐标系 图标按钮。

4.5.1　创建基准坐标系

操作步骤如下：

（1）创建实体模型 prt4-5-1，如图4-63所示；

（2）单击【基准】区域中的【坐标系】图标按钮，弹出【坐标系】对话框；

（3）按住 Ctrl 键不放，在模型中选择图4-64所示的三个平面作为创建坐标系的参照，此时对话框，如图4-65所示；

（4）单击对话框中的【确定】按钮，完成坐标系的创建，如图4-66所示。

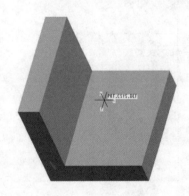

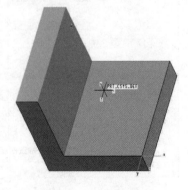

图4-63　原始模型　　　　　　　图4-64　选择参照图元

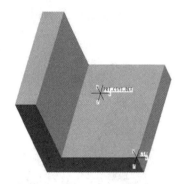

图4-65　【坐标系】对话框　　　　　图4-66　创建坐标系

4.5.2　操作及选项说明

1. 创建坐标系的方法

在创建坐标系时，根据选择参考的不同，可以分为以下几种方法：

（1）通过三个面：即为上面所介绍的方法。

（2）通过两直线：在模型上选择两实体边线、轴线或曲线作参考创建坐标系，它们的交点或最短距离处为坐标系原点，且原点位于选择的第一条直线上，如图4-67所示。

（3）通过一点与两直线：先在模型上选择一个点作为创建坐标系的原点，然后将对话框切换到【方向】选项卡，激活【使用】收集器，选择两直线作为两个方向上的轴向，第三轴向系统将根据右手定则自动确定，如图4-68所示。

（4）通过偏移或旋转现有坐标系：选择一个现有坐标系，然后在对话框中设置偏移值，如图4-69所示，或选择现有坐标系后单击【方向】选项卡，然后在其中设置各轴向的旋转角度，如图4-70所示。

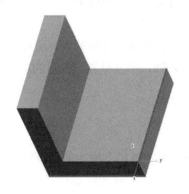

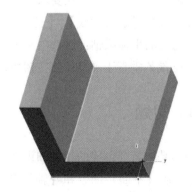

图4-67　通过两直线创建坐标系　　　　图4-68　通过一点两线创建坐标系

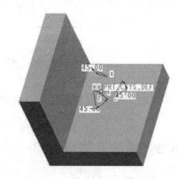

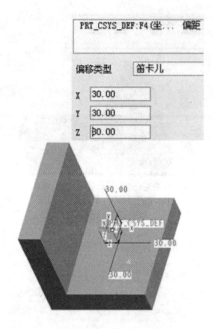

图 4-69　通过偏移创建坐标系　　　　图 4-70　通过旋转创建坐标系

2. 其他选项说明

在【坐标系】对话框中，包含有【原点】选项卡、【方向】选项卡和【属性】选项卡。其中，【原点】选项卡中又包含以下的选项：

（1）参考：用于收集模型上的参照图元，需要调整已选参考时，可在其上右击，在弹出的快捷菜单中选择【移除】。

（2）偏移类型：表示按哪种方式偏移坐标系以及设置相应的偏移值，包含有【笛卡儿】、【圆柱】、【球坐标】和【自文件】几种方式。

【方向】选项卡可以用来设置坐标轴的位置和方向，包含的选项有：

（1）定向根据：该选项在要求所选取的参考来确定轴向的情况下使用，如在前面介绍的【通过三面】、【通过两线】、【通过一点两线】的情况下。

（2）选定的坐标系轴：该选项用来设置与原坐标系各轴向之间的旋转角度。

（3）设置 Z 垂直于屏幕：该按钮可以快速定向 Z 轴，使其垂直于查看的屏幕。

4.6　习题

1. 根据基准特征创建的相关知识，在模型上创建如图 4-71 所示的基准特征，主要涉及的命令包括【平面】命令和【轴】命令。

2. 根据基准特征创建的相关知识，利用【平面】和【轴】命令，创建如图 4-72 中所示的基准特征。

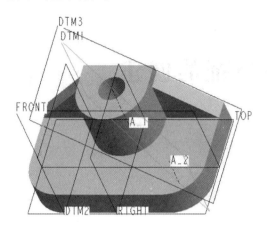

图 4-71 创建基准特征

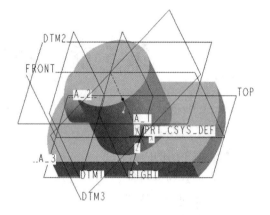

图 4-72 创建基准特征

第 5 章　基础特征的创建

本章将介绍的内容如下：
（1）创建拉伸特征。
（2）创建旋转特征。
（3）创建扫描特征。
（4）创建螺旋扫描特征。
（5）创建混合特征。

5.1　拉伸特征的创建

拉伸特征是将二维特征截面沿垂直于草绘平面的方向拉伸而生成的特征。调用命令的方式如下：

单击 模型 功能选项卡的 形状 区域中的 拉伸 图标按钮。

5.1.1　创建增加材料拉伸特征

操作步骤如下：
（1）在零件模式中，单击【模型】功能选项卡的【形状】区域中的【拉伸】图标按钮，打开【拉伸】操控板，如图 5-1 所示；

图 5-1　拉伸【操控板】

（2）在该操控板中，单击【拉伸为实体】按钮（此为默认设置）；
（3）单击【放置】按钮，在弹出的下拉面板中，单击【定义】按钮，如图 5-2 所示，弹出【草绘】对话框；

（4）选择 TOP 基准平面为草绘平面，RIGHT 基准平面为参考平面，参考平面方向为向右（此为默认设置），如图 5-3 所示，单击【草绘】按钮，进入草绘模式；

图 5-2 【放置】下拉面板

图 5-3 设置草绘平面和参照平面

（5）草绘二维特征截面并修改草绘尺寸值，如图 5-4 所示，待重生成特征截面后，单击【确定】图标按钮，回到零件模式，如图 5-5 所示；

（6）在【拉伸特征】操控板中，指定拉伸特征深度的方法为【盲孔】（此为默认设置），输入【深度值】为 100，如图 5-6 所示，单击【确定】按钮。

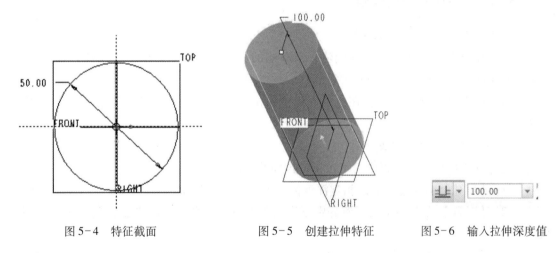

图 5-4 特征截面   图 5-5 创建拉伸特征   图 5-6 输入拉伸深度值

5.1.2 创建去除材料拉伸特征

操作步骤如下：

（1）～（2）同本书 5.1.1 小节（1）～（2）两步骤；

（3）选择零件上表面为草绘平面，RIGHT 基准平面为参考平面，参考平面方向为向右（此为默认设置），如图 5-7 所示，单击【草绘】按钮，进行草绘模式；

（4）草绘二维特征截面并修改草绘尺寸值，如图 5-8 所示，待重生成特征截面后，单击【确定】图标按钮，回到零件模式；

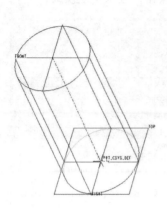 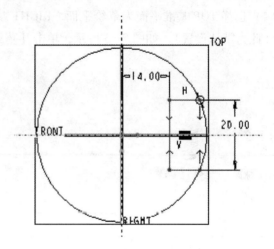

图5-7　选择草绘平面和参考平面　　　　图5-8　二维特征截面

（5）在【拉伸特征】操控板中，单击【去除材料】图标按钮；

（6）在【拉伸特征】操控板中，指定拉伸特征深度的方法为【盲孔】（此为默认设置），输入【深度值】为15，单击【确定】按钮。

5.1.3　操作及选项说明

1. 定义二维特征截面的方法

（1）在单击【拉伸】命令前创建一条草绘的基准曲线。然后单击【拉伸】命令，系统提示【选取一个草绘】，选取一条已有的草绘基准曲线。

（2）单击【拉伸】命令，在放置面板中单击【定义】选项，进入草绘环境时，特征截面。

2. 指定拉伸深度的方法

在【拉伸特征】操控板中，可以指定拉伸特征的深度。

（1）【盲孔】自草绘平面以指定深度值拉伸二维特征截面。

（2）【对称】在草绘平面两侧分别以指定深度值的一半对称拉伸二维特征截面，如图5-9所示。

（3）【到选定项】将二维特征截面拉伸至一个选定点、曲线、平面或曲面，如图5-10所示。

3. 其他选项说明

（1）　用去除材料法创建特征。

（2）　将拉伸的深度方向更改为草绘的另一侧。

（3）　为截面轮廓指定厚度创建薄壳特征，如图5-11所示，建模过程可以参考增加材料拉伸特征。

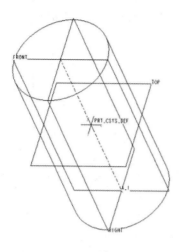

图 5-9　对称

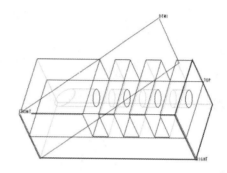

图 5-10　到选定项

（4）👓 预览要生成的拉伸特征以进行校验。

（5）**❚❚** 暂停模式。

（6）**✕** 取消特征创建或重定义。

（7）**选项** 单击该按钮，弹出如图 5-12 所示【选项】选项卡的下拉面板，在该面板中可以重定义草绘平面一侧或两侧拉伸特征的深度。【封闭端】复选框可以设置创建的曲面拉伸特征端口是否封闭。但在创建实体特征时不可用。

图 5-11　薄壳特征

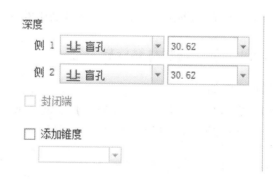

图 5-12　【选项】选项卡面板

4. 参考平面方向的设置

在 Creo 3.0 软件中，创建草绘特征时，必须选取或创建草绘平面和参考平面，草绘平面用于绘制二维特征截面，而参考平面用来为草绘平面定向。系统总是按如图 5-3 所示【草绘】对话框中设置的参考平面的方向，将草绘平面转至与屏幕平行的位置，然后再进行二维草绘。

参考平面的方向可以有四种，如图 5-13 实体模型所示，分别是：上（如图 5-14 所示）、下（如图5-15所示）、左（如图5-16所示）、右（如图5-17所示）。

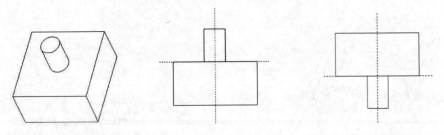

图5-13 实体模型　　图5-14 参考平面方向为【上】图5-15 参考平面方向为【下】

图5-16 参考平面方向为【左】　　图5-17 参考平面方向为【右】

5.2 旋转特征的创建

旋转特征是将二维特征截面绕中心轴旋转生成的特征。调用命令的方式如下：

单击 模型 功能选项卡的 形状▾ 区域中的 旋转 图标按钮。

5.2.1 创建增加材料旋转特征

操作步骤如下：

（1）在零件模式中，单击【模型】功能选项卡的【形状】区域中的【旋转】图标按钮，打开【旋转】操控板，如图5-18所示；

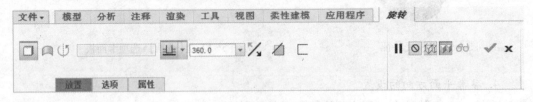

图5-18 旋转特征【操控板】

（2）在该操控板中，单击【旋转为实体】图标按钮（此为默认设置）；

（3）单击【位置】按钮，在弹出的下拉面板中，单击【定义】按钮，弹出【草绘】对话框；

（4）选择 FRONT 基准平面为草绘平面，RIGHT 基准平面为参照平面，参照平面方向为向右（此为默认设置），单击【草绘】按钮，进行草绘模式；

（5）首先绘制一条【中心线】作为旋转轴，草绘二维特征截面并修改草绘尺寸值，如图 5-19 所示，单击【确定】按钮，回到零件模式，如图 5-20 所示；

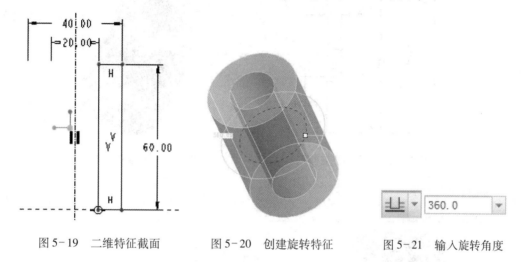

图 5-19　二维特征截面　　　　图 5-20　创建旋转特征　　　　图 5-21　输入旋转角度

（6）在【旋转特征】操控板中，指定【盲孔】方式，即从草绘平面以指定的角度值旋转（此为默认设置），选择【旋转角度值】为 360，如图 5-21 所示，单击【确定】完成按钮。

5.2.2　创建去除材料旋转特征

操作步骤如下：

（1）～（4）同本书 5.2.1 小节（1）～（4）步骤；

（5）草绘二维特征截面并修改草绘尺寸值，如图 5-22 所示，待重生成特征截面后，单击【完成】图标按钮，回到零件模式；

（6）在【旋转】操控板中，单击【移除材料】图标按钮；

（7）在【旋转】操控板中，指定【盲孔】方式，即从草绘平面以指定的角度值旋转（此为默认设置），选择【旋转角度值】为 90，单击【确定】图标按钮，生成的三维实体模型如图 5-23 所示。

5.2.3　操作及选项说明

操作步骤如下：

1. 指定旋转角度的方法

在【旋转】操控板中，可以指定旋转特征的旋转角度；

（1）【盲孔】自草绘平面以指定的角度值旋转二维特征截面；

（2）【对称】在草绘平面两侧分别以指定角度值的一半对称旋转二维特征截面；

（3）【旋转至】将二维特征截面旋转至选定点、平面或曲面，如图 5-24 所示。

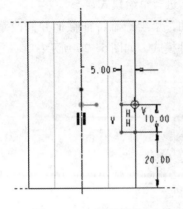

图 5-22　二维特征截面

图 5-23　三维实体模型

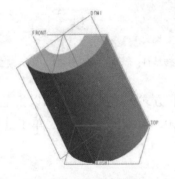

图 5-24　截面旋转至指定基准面

图 5-25　【选项】下拉面板

2．其他选项说明

（1）□用去除材料法创建特征。

（2）□将旋转的角度方向更改为草绘的另一侧。

（3）□为截面轮廓指定厚度创建薄壳特征。

（4）　**选项**　单击该按钮，弹出如图 5-25 所示【选项】下拉面板，在该下拉面板中可以重定义草绘平面一侧或两侧的旋转角度。【封闭端】复选框可以设置创建的曲面旋转特征端口是否封闭。但在创建实体特征时不可用。

3．三维特征截面绘制要点

（1）旋转实体特征的截面必须是封闭的，旋转曲面特征的截面可以是不封闭的。

（2）二维特征截面必须在中心线的一侧。

（3）如果二维特征截面中包含多条中心线，则系统以第一条中心线为旋转轴。

例 5.3-1：绘制泵轴，如图 5-35 所示。

操作步骤如下：

（1）在零件模式中，单击【模型】功能选项卡的【形状】区域中的【旋转】图标按钮，打开【旋转】操控板，如图5-26所示；

图5-26 【旋转】操控板

（2）在该操控板中，单击【旋转为实体】图标按钮（此为默认设置）；

（3）单击【位置】按钮，在弹出的下拉面板中，单击【定义】按钮，弹出【草绘】对话框；

（4）选择FRONT基准平面为草绘平面，RIGHT基准平面为参照平面，参照平面方向为向右（此为默认设置），单击【草绘】按钮，进行草绘模式；

（5）草绘二维特征截面并修改草绘尺寸值，如图5-27所示，单击【完成】图标按钮，回到零件模式，选中旋转轴，单击右键，弹出菜单，选定旋转轴按钮，如图5-28所示；

图5-27 二维特征截面　　　图5-28 创建旋转特征　　　图5-29 输入旋转角度

（6）在【旋转特征】操控板中，指定【盲孔】方式，即从草绘平面以指定的角度值旋转（此为默认设置），选择【旋转角度值】为360，如图5-29所示，单击【确定】按钮；

图5-30 【基准平面】对话框

图5-31 选择RIGHT基准面为参照面

（7）建立 DTM1 新平面基准，单击【平面】工具图标，弹出【基准平面】对话框，如图 5-30 所示，选择 FRONT 基准平面，偏距值为 4，单击【确定】按钮。完成 DTM1 基准平面的建立；

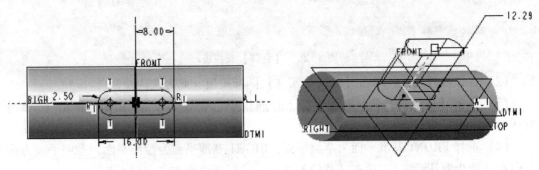

图 5-32　截面绘制　　　　　　　　图 5-33　调整去除材料方向

（8）单击【拉伸】命令图标按钮，选择 DTM1 基准平面为草绘平面，选择 RIGHT 基准面为参照面，如图 5-31 所示，绘制如图 5-32 所示截面，单击【确定】；

（9）在拉伸操控面板中选择【移除材料】按钮。拉伸值为 12.29，要超出轴。调整去除材料方向如图 5-33 所示，单击【确定】按钮；

（10）单击【倒角】命令按钮（在 工程▼ 区域中），选择轴两端的圆弧，在倒角操控面板上输入倒角值为 1，如图 5-34 所示，单击【确定】按钮。完成轴的三维建模，效果如图 5-35 所示。

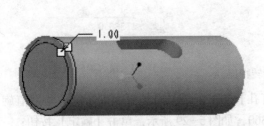

图 5-34　输入倒角值　　　　　　　　图 5-35　轴的三维建模

5.3　扫描特征的创建

扫描特征是将一个二维特征截面沿给定的轨迹曲线进行扫描而生成的特征。调用命令的方式如下：

进入零件模式→单击 模型 功能选项卡 形状▼ 区域中 扫描 ▼图标按钮。

5.3.1　创建扫描特征

操作步骤如下：

（1）在零件模式中，单击 **模型** 功能选项卡 **形状▾** 区域中 扫描 ▾ 图标按钮，系统弹出如图 5‑36 所示【扫描】操控板。在该操控板中，单击【扫描为实体】图标按钮（此为默认设置）；

（2）单击功能区右侧 **基准** 按钮→ 图标按钮。选择 TOP 基准平面作为轨迹的草绘平面，RIGHT 平面为草绘的参考平面，方向为向右（系统默认），如图 5‑37 所示。单击【草绘】按钮，进入草绘模式；

（3）绘制扫描轨迹如图 5‑38 所示，单击【确定】按钮退出草绘。单击【退出暂停模式，继续使用此工具】按钮，如图 5‑39 所示。单击【扫描】操控板功能区中 图标，进行截面草图绘制；

（4）在十字交叉线中心处（截面起始扫描位置）绘制截面图形，如图 5‑40 所示。单击【确定】确定图标按钮，退出截面图形绘制，完成封闭截面扫描特征的创建。单击操控板中【确定】按钮，完成扫描特征的绘制，生成扫描特征，如图 5‑41 所示。

图 5‑36　【扫描】操控板

图 5‑37　【草绘】对话框

Creo3.0机械零件设计教程

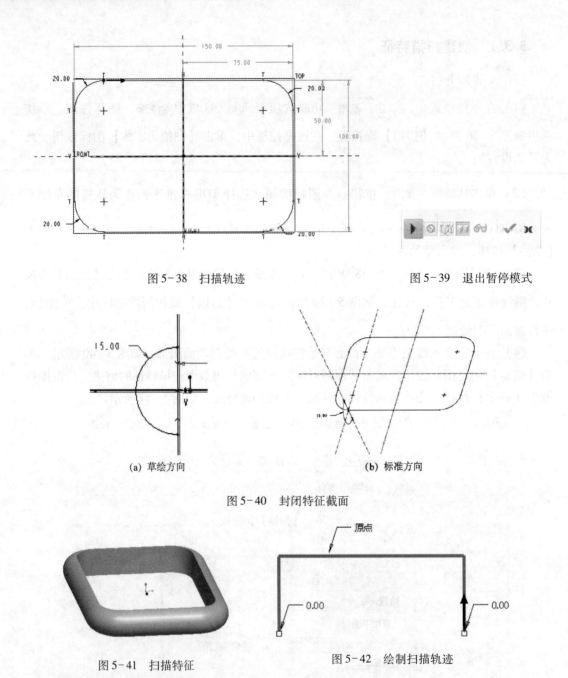

图 5-38　扫描轨迹

图 5-39　退出暂停模式

(a) 草绘方向

(b) 标准方向

图 5-40　封闭特征截面

图 5-41　扫描特征

图 5-42　绘制扫描轨迹

5.3.2　操作及选项说明

1. 创建不同种类的扫描特征

在零件模式中，单击【模型】功能选项卡的【形状】区域中的【扫描】图标按钮，系统弹出如图 5-36 所示的【扫描】操控板。点击下列图标可以创建不同类型的扫描特征：

（1）创建实体特征。

（2）创建簿板特征。

（3）创建移除材料特征。

（4）创建移除簿壳材料特征。

（5）创建扫描曲面特征。

2. 轨迹线绘制要点

（1）轨迹线不能自交。

（2）相对于扫描截面的大小，扫描轨迹线中的弧或样条曲线的半径不能太小，否则扫描会失败。

3. 其他

（1）在绘制扫描轨迹时，单击【退出暂停模式】按钮后显示如图5-42所示，单击黑色箭头可以改变轨迹的起点。

（2）扫描轨迹也可以在创建扫描曲面特征之前绘制（具体操作步骤见5-43实例）。

例5.3.2-1：绘制曲别针，如图5-43所示。

图5-43　曲别针

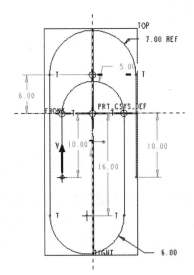

图5-44　特征截面

操作步骤如下：

（1）单击【模型】功能选项卡【基准】区域中的【草绘】图标按钮，弹出【草绘】菜单。选择TOP基准平面作为轨迹的草绘平面，RIGHT平面为草绘的参考平面，方向为向右（系统默认），如图5-45所示。单击【草绘】按钮，进入草绘模式；

图5-45 【草绘】对话框

（2）绘制扫描轨迹，如图5-44所示，并标注尺寸；

（3）单击【确定】按钮，退出草绘模式；

（4）选择扫描命令。单击【模型】功能选项卡【形状】区域中的【扫描】图标按钮，弹出【扫描】操控板，如图5-46所示；

图5-46 【设置草绘平面】菜单管理器和【选取】对话框

（5）在该操控板中单击【旋转为实体】和【恒定截面】图标按钮（此为默认设置）。

（6）定义扫描轨迹，选择（2）所绘制的曲线作为扫描轨迹；

（7）单击如图5-47所示的黑色箭头切换扫描的起始点。切换完成的轨迹如图如图5-48所示；

（8）创建扫描特征的截面，单击操控板中的【创建或编辑扫描截面】按钮，进入草绘界面。在十字交叉线处绘制截面草图，如图5-49所示；

（9）完成截面的绘制后，单击操控板中的【确定】按钮，退出草绘模式，系统显示扫描特征的预览效果；

（10）单击操控板中的【确定】按钮进行确认，完成扫描特征的创建，如图5-50所示。

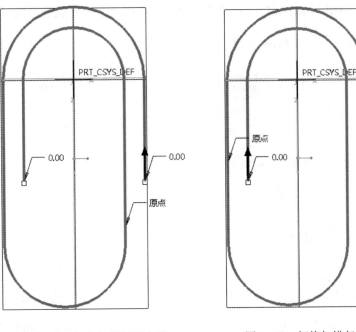

图5-47 切换扫描起始点前　　　　图5-48 切换扫描起始点后

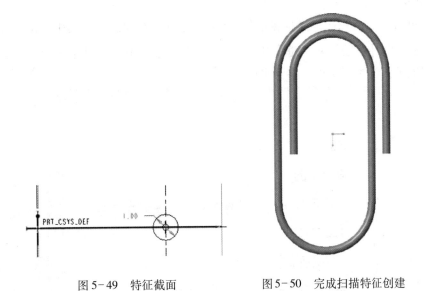

图5-49 特征截面　　　　图5-50 完成扫描特征创建

5.4 螺旋扫描特征的创建

螺旋扫描特征是将一个二维特征截面沿给定的螺旋轨迹曲线进行扫描而生成的特征。调用命令的方式如下：

进入零件模式→单击 **模型** 功能选项卡 **形状▾** 区域中🔲扫描▾图标后的【箭头】▾→弹出下拉菜单→单击 ⚏ **螺旋扫描** 按钮。

图5-51 【螺旋扫描】操控板

5.4.1 创建螺旋扫描特征

操作步骤如下：

（1）在零件模式中，单击 **模型** 功能选项卡的 **形状▾** 区域中的🔲扫描▾按钮后的【向下箭头】▾→弹出的菜单中选 ⚏ **螺旋扫描** 命令，系统弹出【螺旋扫描】操控板，如图5-51所示；

（2）单击【螺旋扫描】操控板中的 **参考** 选项，在弹出的截面中点击 **定义...** 按钮，系统弹出【草绘】对话框，如图5-52所示，选择TOP基准平面为草绘平面，选择RIGHT基准平面为参考平面，参考平面方向为向右，进入草绘模式；

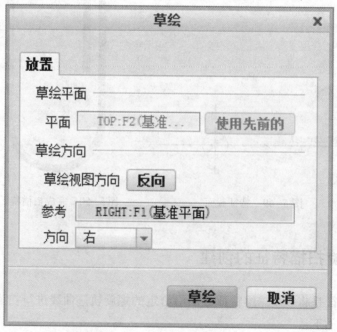

图5-52 【草绘】对话框

（3）绘制扫引轨迹，如图 5-53 所示，绘制完成后单击【确定】按钮，退出草绘模式；

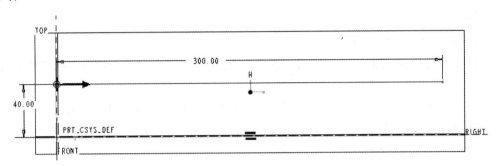

图 5-53　扫引轨迹

（4）定义螺旋节距，在【螺旋扫描】操控板中的【输入间距值】后的文本框中输入节距值 30，如图 5-54 所示，然后按 Enter 键；

图 5-54　输入节距值 30

（5）绘制螺旋扫描特征截面，在操控板中单击 按钮，系统进入草绘环境。绘制如图 5-55 所示的草绘截面图形并标注尺寸，圆的直径为 15，然后单击【确定】按钮，进入螺旋扫描特征的预览；

（6）在完成各项参数的编辑修改后，点击【螺旋扫描】操控板中的【确定】按钮完成螺旋扫描的创建，如图 5-56 所示。

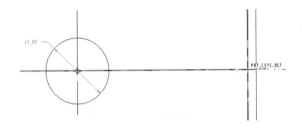

图 5-55　特征截面

图 5-56　螺旋扫描特征伸出项效果

5.4.2　操作及选项说明

1. 创建不同种类的扫描特征

系统弹出【螺旋扫描】操控板中，不同按钮可以创建如下不同类型的扫描特征：

（1）□ 创建实体扫描特征。

（2）□ 创建薄壳扫描特征。

（3）◩ 创建移除材料扫描特征。

（4）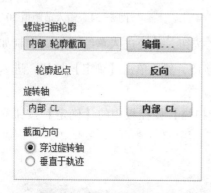 同时按下，创建移除薄壳材料的扫描特征。

（5） 创建扫描曲面特征。

2. 扫引轨迹线绘制要点

（1）绘制扫描轨迹时，必须绘制一条"中心线"，该中心线作为螺旋扫描特征的旋转轴线。

（2）扫引轨迹线必须开放，并且不允许与中心线（即旋转轴）相互垂直。

（3）当以轨迹法向方式建立螺旋扫描特征时，其扫引轨迹线可由多条曲线组成，但这些曲线必须以相切的方式连接。

3. 下拉菜单的设置方式

【螺旋扫描】操控板有4个选项卡可以弹出下拉菜单，其含义如下：

（1）【参考】可以设定和编辑螺旋扫描的轮廓、轮廓起点、旋转轴和截面方向，如图5-57所示。

图5-57　【参考】下拉菜单

图5-58　【间距】下拉菜单

（2）【间距】可以设定和修改间距，如图5-58所示。

（3）【选项】可以设定和修改描轨迹与截面的关系，如图5-59所示。

（4）【属性】设置和修改该特征的名称。

4. 其他

（1）【右手定则】 使用右手定则定义轨迹（即右旋）。

图5-59　【选项】下拉菜单

（2）【左手定则】 使用左手定则定义轨迹（即左旋）。

例5.4.2-1：蜗杆的绘制，如图5-60所示。

操作步骤如下：

（1）在零件模式中，单击【模型】功能选项卡的【形状】区域中的【旋转】图标按钮，打开【旋转】操控板；

（2）在该操控板中，单击【旋转为实体】图标按钮（此为默认设置）；

（3）单击【位置】按钮，在弹出的下拉面板中，单击【定义】按钮，弹出【草绘】对话框；

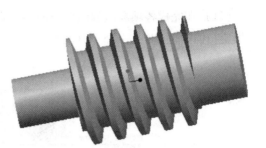

图5-60 蜗杆

（4）选择 FRONT 基准平面为草绘平面，RIGHT 基准平面为参考平面，参照平面方向为向下（此为默认设置），单击【草绘】按钮，进入草绘模式；

（5）绘制扫引轨迹，如图5-61所示，绘制完成后单击【确定】按钮，退出草绘模式。输入旋转360°，单击【确定】按钮完成旋转特征，如图5-62所示；

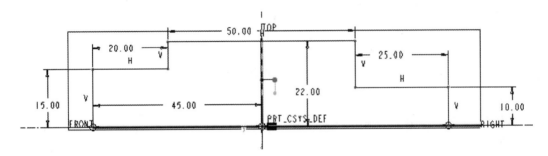

图5-61 特征截面

（6）在零件模式中，单击【模型】功能选项卡的【形状】区域中的【扫描】按钮后的【向下箭头】→弹出的菜单中选【螺旋扫描】命令，系统弹出【螺旋扫描】操控板，如图5-57所示；

（7）单击【螺旋扫描】操控板中的【参考】选项，在弹出的截面中点击 定义... 按钮，系统弹出【草绘】对话框，如图5-58所示，选择 TOP 基准平面为草绘平面，选择 RIGHT 基准平面为参考平面，参考平面方向为向上，进入草绘模式；

图5-62 旋转特征

（8）绘制扫引轨迹，如图5-63所示，绘制完成后单击【确定】按钮，退出草绘模式。

（9）单击 按钮选择移除材料，单击 按钮选择右手定则，在【输入间距值】后的文本框中输入节距值10，然后按 Enter 键，如图5-64所示；

（10）绘制螺旋扫描特征截面，在操控板中单击 按钮，系统进入草绘环境。绘制如图5-65所示的草绘截面图形并标注尺寸，然后单击【确定】按钮，进入螺旋扫描特征的预览；

（11）在完成各项参数的编辑修改后，点击【螺旋扫描】操控板中的【确定】按钮完成螺旋扫描的创建，如图5-60所示。

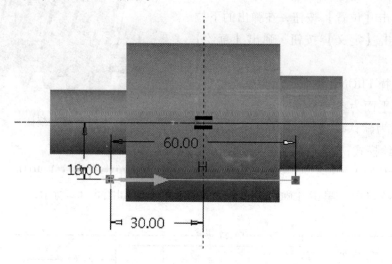

图5-63　扫引轨迹

图5-64　【螺旋扫描】操控板

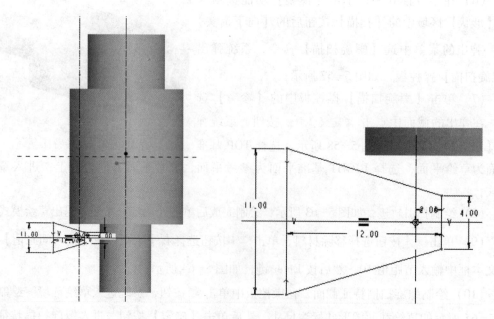

图5-65　特征截面

5.5 混合特征的创建

混合特征是将至少两个以上的平面截面在其边处用过渡曲面连接生成的连续特征。调用命令的方式如下：

进入零件模式→单击 **模型** 功能选项卡的 **形状▼** 区域按钮→弹出的下拉菜单中选择 🔗 **混合** 图标按钮单击。

5.5.1 创建混合特征

操作步骤如下：

图5-66 【混合】操控板

（1）在零件模式中，单击 **模型** 功能选项卡的 **形状▼** 区域按钮→弹出的下拉菜单中选择 🔗 **混合** 图标按钮单击→弹出【混合】操控板，如图5-66所示；

（2）在操控板中确认 □ 【混合为实体】按钮与 📝 【与草绘截面混合】按钮被按下，来确定混合类型；

（3）单击操控板中的 **截面** 选项卡，在弹出的【截面】选项卡（如图5-67所示）中选中 ◉ **草绘截面** 选项，然后单击 **定义...** 选项，弹出【草绘】对话框；

图5-67 【截面】选项卡

（4）选择 TOP 基准平面为草绘平面，选择 RIGHT 基准平面为参考平面，参考平面方向为向右，进入草绘模式，如图 5-68 所示；

（5）绘制第 1 个特征截面，如图 5-69 所示，绘制完成后单击【确定】按钮，退出草绘界面回到【混合】操控板界面；

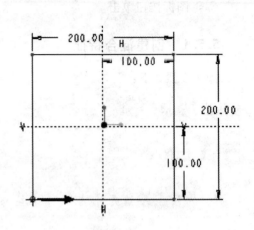

图 5-68　选择草绘视图方向　　　　　　　　图 5-69　第 1 个特征截面

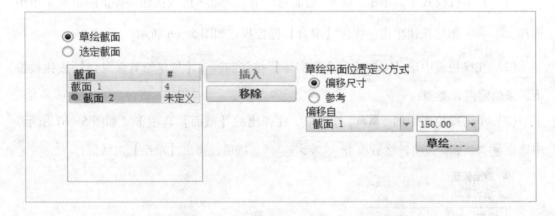

图 5-70　【截面】选项卡 偏移尺寸

（6）绘制第 2 个特征截面，单击混合操控板的【截面】选项卡，在弹出的对话框中单击【截面 2】，然后选择【偏移尺寸】选项如图 5-70 所示，在偏移自"截面 1"后的文本框中输入偏移距离 150，然后单击　草绘···　按钮进入第 2 个特征截面的草绘环境。

（7）绘制如图 5-71 所示的第 2 个特征截面，绘制完成后单击【确定】按钮，退出草绘界面回到【混合】操控板界面；

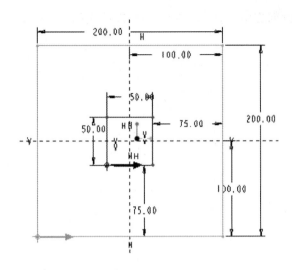

图 5-71 第 2 个特征截面   图 5-72 第 3 个特征截面

(8) 绘制第 3 个特征截面，单击混合操控板的【截面】选项卡，在弹出的对话框中单击 ▢ 插入 按钮，然后系统弹出【截面 3】，选择【偏移尺寸】选项，在偏移自"截面 2"后的文本框中输入偏移距离 150，然后单击 草绘… 按钮进入第 3 个特征截面的草绘环境；

(9) 绘制如图 5-72 所示的第 3 个特征截面，绘制完成后单击【确定】按钮，退出草绘界面回到【混合】操控板界面；

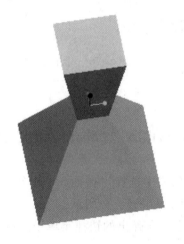

图 5-73 【直】混合特征   图 5-74 【平滑】混合特征

(10) 在混合操控板中，单击 选项 选项卡弹出下拉列表，在【混合曲面】中单击 ◉ 直_ 按钮，完成【直】混合特征的创建，单击 ✔ 按钮，完成混合特征创建如图 5-73 所示。

注意：如果在图5-75所示【选项】下拉列表中选择 ⊙ 平滑 则可以生成如图5-74所示的混合特征。

图5-75　　【选项】下拉列表

5.5.2　操作及选项说明

1. 创建不同种类的混合特征

与【扫描】类似，【混合】也可以创建如下不同种类的混合特征：

(1) 创建实体混合特征。

(2) 创建移除材料混合特征。

(3) 创建薄壳混合特征。

(4) 创建移除薄壳材料混合特征。

(5) 创建混合曲面特征。

2. 相切选项

【相切】选项下拉面板中可以设置【开始截面】或【终止截面】的边界约束条件，如图5-76所示。有【自由】、【相切】、【垂直】三种选项。

图5-76　　【相切】选项下拉面板

3. 创建混合特征的要点

修改起始点的方法：

如果起始点不一致，如图5-77所示，则生成如图5-78所示扭曲的混合特征。修改起始点操作步骤如下：

(1) 单击【截面】选项卡，在弹出的下拉列表中选择"截面3"命令，然后单击偏移量下面的【草绘】按钮切换到第3个特征截面，如图5-72所示；

(2) 选中第3个特征截面的左下角点，右击，在弹出的快捷菜单中选择【起点】命令。则生成的混合特征如图5-78所示；

(3) 如果想改变箭头的方向，则在(2)步中再次右击，然后在弹出的快捷菜单中选择【起点】命令；

(4) 如需修改某一图层的几何图形，则在【截面】选项卡下选取截面，然后单击偏移量下面的【草绘】按钮进入该图层截面的草绘环境。

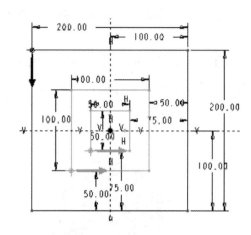

图 5-77 起始点不一致   图 5-78 扭曲的混合特征

混合截面图元数不同处理的方法：

1）加入混合顶点

如图 5-79 所示第 1 个特征截面有 4 个图元，第 2 个特征截面有 3 个图元，必须加入 1 个混合顶点增加 1 个图元，操作步骤如下：

（1）单击【截面】选项卡，在弹出的下拉列表中选择"截面 2"命令，然后单击偏移量下面的【草绘】按钮切换到第 2 个特征截面；

（2）选中需要混合顶点，单击 设置▼ 区域按钮，在下拉菜单中选 特征工具 ▶→→【混合顶点】。然后再生成混合特征，如图 5-80 所示。

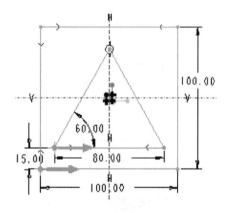

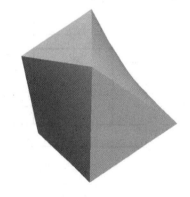

图 5-79 加入混合顶点   图 5-80 加入混合顶点后生成的模型

2）加入分割点

如图 5-81 所示，第 1 个特征截面有 1 个图元，第 2 个特征截面有 4 个图元，可以在第 1 个特征截面上加入 4 个分割点。

操作步骤如下：

（1）单击【截面】选项卡，在弹出的下拉列表中选择"截面1"命令，然后单击【编辑】按钮切换到第1个特征截面的草绘环境；

（2）过正方形顶点绘制两条中心线，与圆有4个交点。单击【编辑】区域中的【分割】图标 ⚲分割，接着单击4个交点，形成4个分割点，单击【确定】图标按钮。生成的混合特征，如图5-82所示。

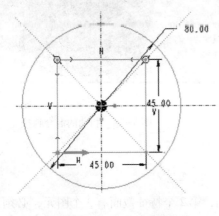
图5-81　加入分割点

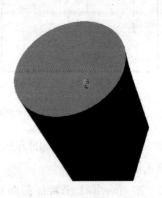
图5-82　分割点后生成的混合特征

5.6　习题

1. 根据如图5-83所示支座的三视图，创建该零件的三维实体模型。主要涉及的命令包括【拉伸】命令和【旋转】命令。

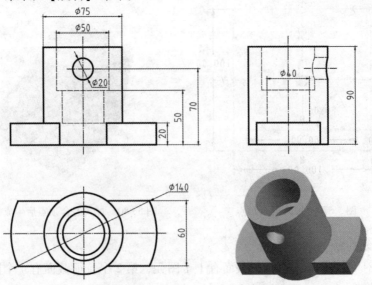

图5-83　支座三视图和三维模型

2. 创建如图 5-84 所示的组合体零件模型，三视图如图 5-85 所示。主要涉及的命令包括【拉伸】命令和【旋转】命令。

3. 根据如图 5-86 所示视图模型，创建该零件的三维实体模型。主要涉及的命令包括【拉伸】命令和【旋转】命令。

4. 根据如图 5-87 所示视图模型，创建该零件的三维实体模型。主要涉及的命令包括【拉伸】命令。

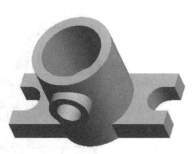

图 5-84　组合体三维模型

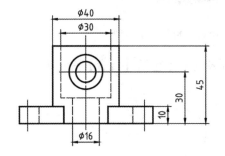
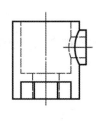
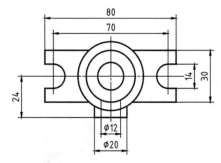

图 5-85　组合体三视图

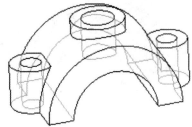

图 5-86　组合体三维模型

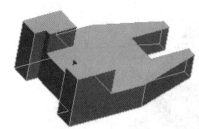
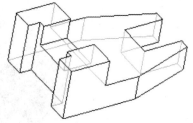

图 5-87　组合体三维模型

5. 创建如图 5-88 所示的锁的模型。主要涉及的命令包括【混合】命令、【倒角】命令、【拉伸】命令和【扫描】命令。

6. 利用【拉伸】命令、【旋转】命令、【倒角】命令和【螺旋扫描】命令创建如图 5-89 螺母三维模型。

图 5-88　锁模型　　　　　　　　　图 5-89　螺母三维模型

7. 创建如图 5-90 所示的组合体零件模型。主要涉及的命令包括【混合】命令和【旋转】命令。

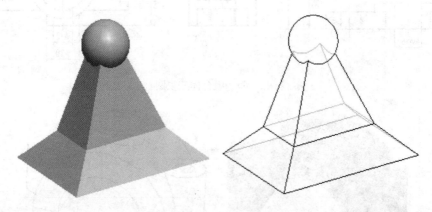

图 5-90　三维模型

8. 创建如图 5-91 所示的花盆模型。主要涉及的命令包括【混合】命令、【倒圆角】、【拉伸】命令和【旋转】命令。

图 5-91　花盆模型

第 6 章　工程特征的创建

本章将介绍的内容和新命令如下：

（1）创建孔特征。

（2）创建圆角特征。

（3）创建自动倒圆角特征。

（4）创建倒角特征。

（5）创建抽壳特征。

（6）创建拔模特征。

（7）创建筋特征。

6.1　孔特征的创建

调用命令的方式如下：

图标方式：单击【模型】菜单项中的【孔】 图标按钮。

6.1.1　简单孔特征的创建

操作步骤如下：

（1）在零件模式中，单击【拉伸】图标按钮，以 TOP 基准平面为草绘平面，绘制二维特征截面，如图 6-1 所示，设置拉伸深度为 200，创建拉伸实体特征，如图 6-2 所示；

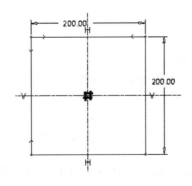

图 6-1　二维特征截面

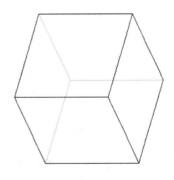

图 6-2　拉伸实体特征

（2）单击【孔】图标按钮，打开【孔特征】操控板，如图6-3所示；

图6-3 【孔特征】操控板

（3）在该操控板中，单击【创建简单孔】 图标按钮（此为默认设置）；

（4）单击【放置】按钮，弹出如图6-4所示【放置】上滑面板，在该面板中激活【放置参照收集器】，选择正方体的上表面作为孔的放置平面，模型显示如图6-5所示；

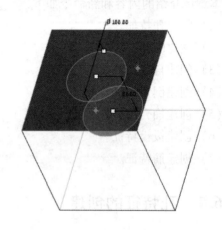

图6-4 【放置】上滑面板

图6-5 孔的放置平面

（5）在【放置】下拉面板中，设置孔的定位方式的【类型】为线性，并激活【偏移参考收集器】，按住 Ctrl 键依次选取正方体上表面的两条边作为孔的定位基准，如图6-6所示；

（6）在该下拉面板中，修改【偏移参考收集器】中孔的定位尺寸，如图6-7所示；

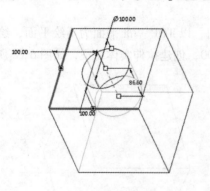

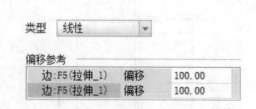

图6-6 修改孔的定位尺寸

图6-7 选取偏移参照

（7）单击【形状】按钮，弹出【形状】下拉面板，选择【盲孔】方式以指定钻孔的深度值，并输入【深度值】为100，【直径值】为150，如图6-8所示，单击完成图标按钮，生成的简单孔特征，如图6-9所示。

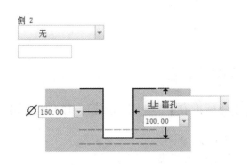

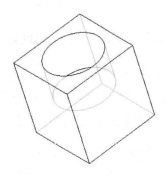

图6-8　【形状】上滑面板　　　　　图6-9　完成的简单孔特征

6.1.2　草绘孔特征的创建

操作步骤如下：

（1）～（6）同本书6.1.1小节（1）～（6）步骤；

（7）在【孔特征】操控板中，单击【使用草绘定义钻孔轮廓】 图标按钮，如图6-10所示，单击【激活草绘器以创建截面】 图标按钮，如图6-11所示，系统进入草绘模式；

图6-10　使用草绘定义钻孔轮廓

图6-11　激活草绘器以创建剖截面

（8）草绘二维特征截面并修改尺寸值，画一条中心线作为旋转轴，如图6-12所示，生成特征截面后，单击【确定】图标按钮，回到零件模式；

（9）单击【确定】图标按钮，完成草绘孔特征的创建，如图6-13所示。

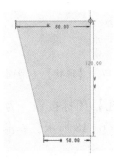

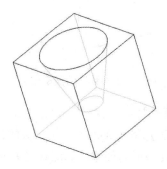

图6-12　二维特征截面　　　　　图6-13　完成的草绘孔特征

6.1.3 标准孔特征的创建

操作步骤如下：

（1）～（6）同本书6.1.1小节（1）～（6）步骤；

（7）在【孔特征】操控板中，单击【创建标准孔】 图标按钮，以创建标准孔，如图6-14所示；

图6-14 创建标准孔

（8）在该操控板中，单击【添加攻丝】图标按钮（此为默认设置），以创建具有螺纹特征的标准孔，指定标准孔的螺纹类型为【ISO】，输入螺钉的尺寸为【M64x6】，指定钻孔深度的类型为【盲孔】（此为默认设置），输入直到孔尖端的【深度值】为150，设置参数后的操控板，如图6-15所示，此时绘图区中模型的显示，如图6-16所示。修改【偏移参考收集器】中孔的定位尺寸，如图6-7所示；

图6-15 设置参数后的操控板

（9）单击【形状】按钮，弹出【形状】下拉面板，依次输入螺纹的【深度值】为120，钻孔顶角的【角度值】为120，如图6-17所示；

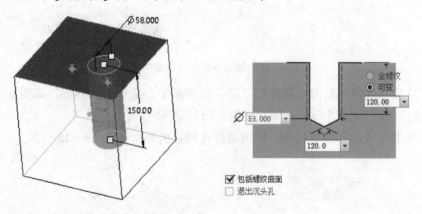

图6-16 设置参数后的模型显示　　　图6-17 【形状】上滑面板

（10）在【孔特征】操控板中，单击【添加沉头孔】图标按钮，为标准孔添加沉头孔，并在【形状】下拉面板中定义相应的参数值，如图6-18所示，单击【确定】图标按钮，完成标准孔特征的创建，如图6-19所示。

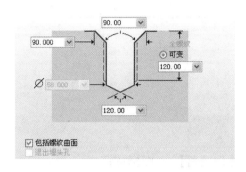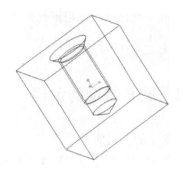

图6-18 【形状】下拉面板　　　　图6-19 完成的标准孔特征

6.1.4 操作及选项说明

1. 孔的定位方式的类型

在【放置】下拉面板中，可以指定孔的定位方式的类型。

（1）【线性】使用两个线性尺寸，通过预先指定的偏移参照来确定孔的中心线的坐标位置；

（2）【径向】使用一个线性尺寸和一个角度尺寸，通过预先指定的参考轴和参考平面来确定孔的中心线的极坐标位置，如图6-20所示；

（3）【直径】和径向定位方式类似，不同的是其用直径标注极坐标，如图6-21所示。

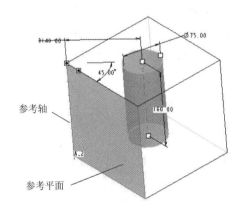

参考轴

参考平面

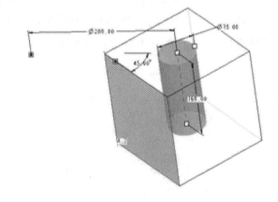

图6-20 孔的径向定位方式　　　　图6-21 孔的直径定位方式

2. 其他选项说明

在【放置】下拉面板中，可以指定孔的定位方式的类型，类型如下：

（1）　选中该按钮可以创建具有螺纹特征的标准孔，同时使用该选项可以在螺纹或锥孔和间隙孔或钻孔之间切换，系统默认状态下会选择此项【攻丝】；

（2）　指定到肩末端的钻孔深度；

（3）　指定到孔尖端的钻孔深度；

（4） ▮▮ 允许用户创建锥孔；

（5） ▮▮ 允许用户创建沉孔。

6.2　圆角特征的创建

调用命令的方式如下：

图标方式：单击【模型】菜单项中的【倒圆角】 ⬙ 图标按钮。

6.2.1　恒定倒圆角特征的创建

操作步骤如下：

图6-22　【圆角特征】操控板

（1）在零件模式中，单击【拉伸】图标按钮，以 TOP 基准平面为草绘平面，创建一边长为 200 的正方体实体特征；

（2）单击【倒圆角】图标按钮，打开【圆角特征】操控板，如图 6-22 所示；

（3）选取正方体的一条边作为倒圆角参照，如图 6-23 所示，并输入恒定倒圆角的【半径值】为 80，单击【对勾】图标按钮，完成恒定倒圆角特征的创建，如图 6-24 所示。

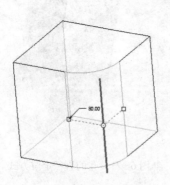

图6-23　选取倒圆角参照

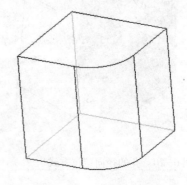

图6-24　完成的倒圆角特征

6.2.2　完全倒圆角特征的创建

操作步骤如下：

（1）～（2）同本书 6.2.1 小节（1）～（2）两步骤；

（3）按住 Ctrl 键，选取正方体上表面两侧的两条边线作为完全倒圆角的参照，如图

6-25所示；

　　(4) 单击【集（设置）】按钮，弹出【集（设置）】设置面板，单击【完全倒圆角】按钮，如图6-26所示；

　　(5) 在【圆角特征】操控板中，单击【确定】图标按钮，完成完全倒圆角特征的创建，如图6-27所示。

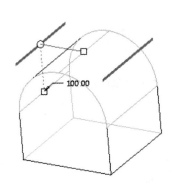

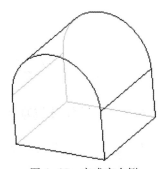

图6-25　选取倒圆角参照　　　　图6-26　【集】设置面板　　　　图6-27　完成完全倒圆角特征的创建

6.2.3　可变倒圆角特征的创建

操作步骤如下：

(1) ～ (2) 同本书6.2.1小节 (1) ～ (2) 两步骤；

(3) 选取正方体的一条边作为倒圆角参照，如图6-28所示；

(4) 单击【集（设置）】按钮，弹出【集（设置）】设置面板，右键单击半径显示区域，选择【添加半径】选项，为圆角添加一个新的半径，此时的模型显示，如图6-29所示；

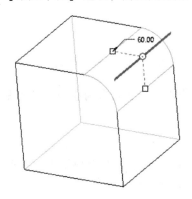
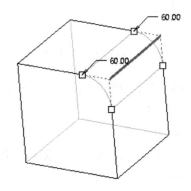

图6-28　选取倒圆角参照　　　　　图6-29　为圆角添加新半径

（5）在模型中利用相同的方法为圆角再添加一个新的半径，在绘图区中双击相应的半径值修改其尺寸，如图6-30所示，单击【确定】图标按钮，完成可变倒圆角特征的创建，如图6-31所示。

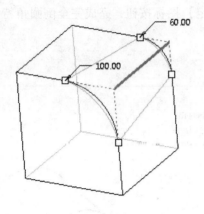

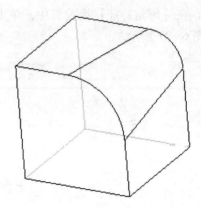

图6-30　修改半径尺寸　　　　　　　　图6-31　完成的可变倒圆角特征

6.2.4　操作及选项说明

1. 选取倒圆角参照的方式

（1）在创建恒定倒圆角特征的过程中，也可选取多条边、边链或相邻的两曲面作为倒圆角参照，如图6-32、图6-33、图6-34所示；

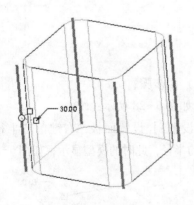

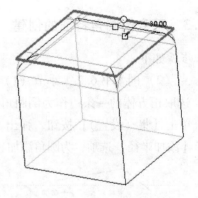

图6-32　选取多条边作为参照　　　　　　图6-33　选取边链作为参照

（2）在创建完全倒圆角特征的过程中，也可选取两个曲面作为参照，利用驱动曲面决定完全倒圆角特征，如图6-35所示。

2. 其他选项说明

（1）单击该图标按钮，会激活【设置】模式，用来处理倒圆角集，系统默认状态下会选取此项；

（2）单击该图标按钮，会激活【过渡】模式，利用该模式可以定义倒圆角特征的所有过渡；

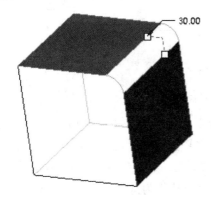

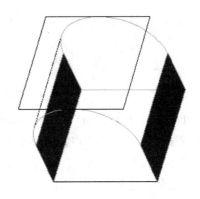

图6-34　选取两曲面作为参照　　　图6-35　驱动曲面决定完全倒圆角

（3）【设置】在该面板上可以定义圆角的类型及各种参数，同时可查看并编辑倒圆角参照及其属性；

（4）【过渡】激活【过渡】模式后可使用此项，该栏列出所有除默认过渡之外的用户定义的过渡；

（5）【段】可查看已选的圆角对象及其包括的曲线段；

（6）【选项】单击该按钮，可在弹出的上滑面板中定义实体圆角和曲面圆角。

6.3　自动倒圆角特征的创建

利用【自动倒圆角】命令可以创建自动倒圆角特征。调用命令的方式如下：

图标方式：单击【模型】菜单项中的【倒圆角】图标右侧三角弹出项中的【自动倒圆角】　图标按钮。

操作步骤如下：

（1）在零件模式中，单击【拉伸】图标按钮，以 TOP 基准平面为草绘平面，创建一边长为 200 的正方体实体特征，如图6-36所示，再以正方体的上表面为草绘平面，创建一边长为 150 的正方体去除材料拉伸特征，如图6-37所示；

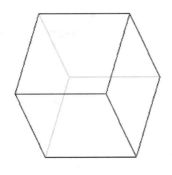

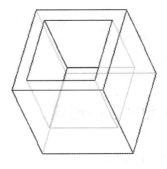

图6-36　正方体实体特征　　　图6-37　去除材料拉伸特征

（2）单击【自动倒圆角】命令，打开【自动倒圆角特征】操控板，如图6-38所示；

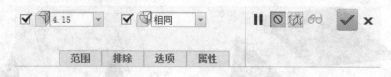

图6-38　【自动倒圆角特征】操控板

（3）单击【范围】按钮，弹出【范围】下拉面板，如图6-39所示。选择【实体几何】单选按钮，并选中【凸边】复选框和【凹边】复选框（此均为默认设置）；

（4）单击【排除】按钮，弹出【排除】下拉面板，如图6-40所示。激活【排除的边】收集器，按住Ctrl键依次选取实体特征上表面的四条边作为排除参照，如图6-41所示；

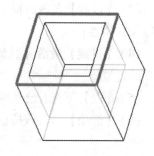

图6-39　【范围】上滑面板　　图6-40　【排除】上滑面板　　图6-41　选取排除参照

（5）在【自动倒圆角】操控板中，输入凸边的【半径值】为10，凹边的【半径值】为5，如图6-42所示，单击【确定】图标按钮，完成自动倒圆角特征的创建，如图6-43所示。

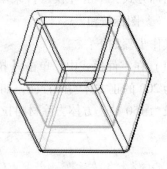

图6-42　输入凸边和凹边的半径值　　　图6-43　完成的自动倒圆角特征

6.4　倒角特征的创建

调用命令的方式如下：

图标方式：单击【模型】菜单项中的【倒角】图标按钮。

6.4.1　边倒角特征的创建

操作步骤如下：

（1）在零件模式中，单击【拉伸】图标按钮，以 TOP 基准平面为草绘平面，创建一边长为 200 的正方体实体特征；

（2）单击【倒角】图标按钮，打开【边倒角特征】操控板，如图 6-44 所示；

图 6-44　【边倒角特征】操控板

（3）按住 Ctrl 键依次选取正方体的三条相邻的边作为倒角参照，如图 6-45 所示。在【边倒角特征】操控板中，指定边倒角的标注形式为【DxD】（此为默认设置），输入【D值】为 50。单击【确定】图标按钮，完成边倒角特征的创建，如图 6-46 所示。

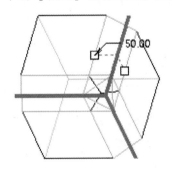
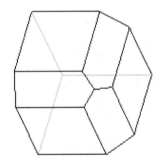

图 6-45　选取倒角参照　　　　图 6-46　完成的边倒角特征

6.4.2　拐角倒角特征的创建

操作步骤如下：

（1）同本书 6.4.1 小节（1）步骤；

（2）单击【模型】菜单项中的【倒角】图标右侧三角弹出项中的【拐角倒角】图标按钮；

（3）选取正方体的一个顶点以定义拐角的位置，并在【拐角倒角】操控板中输入拐角的 3 边长度，如图 6-47 所示；

（4）单击【确定】图标按钮，完成拐角倒角的设置，如图 6-48 所示。

6.4.3　操作及选项说明

1. 边倒角标注形式的类型

在【边倒角特征】操控板中，选择边倒角标注形式主要有：

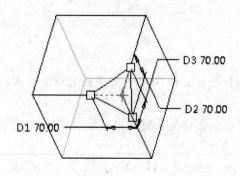
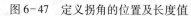

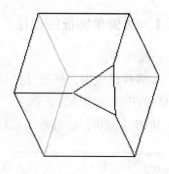

图 6-47　定义拐角的位置及长度值　　　　图 6-48　完成的倒角特征

（1）【DxD】创建倒角边两侧的倒角距离相等的倒角特征；

（2）【D1xD2】创建倒角边两侧的倒角距离不相等的倒角特征，如图 6-49 所示；

（3）【角度 xD】创建通过一个倒角距离和一个倒角角度定义的倒角特征，如图 6-50 所示；

（4）【45xD】仅限在两正交平面相交处的边线上创建倒角特征，系统将默认倒角的角度为 45°，如图 6-51 所示。

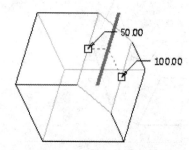
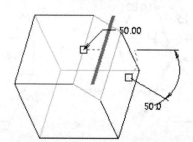
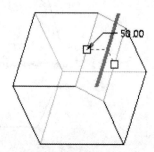

图 6-49　D1xD2 标注形式　　　　图 6-50　角度 xD 标注形式　　　　图 6-51　45xD 标注形式

2. 过渡的几种类型

在【边倒角特征】操控板中，单击【过渡】图标按钮，可以定义倒角特征的过渡类型。

【缺省（相交）】倒角过渡处将按照系统默认的方式进行处理，如图 6-52 所示。

【曲面片】在选取参照曲面后，对于三个倒角相交形成的过渡，可以创建能够设置相对与参照曲面的圆角参数的曲面片；对于四个倒角相交形成的过渡，则创建系统默认的曲面片，如图 6-53 所示。

【拐角平面】对倒角过渡处进行平面处理。

6.5　抽壳特征的创建

调用命令的方式如下：

图标方式：单击【模型】菜单项中的【壳】▦图标按钮。

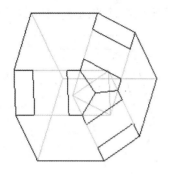
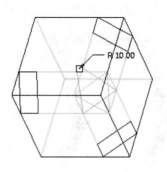

图6-52　缺省（相交）的过渡　　　　图6-53　曲面片的过渡

6.5.1　单一厚度抽壳特征的创建

操作步骤如下：

（1）在零件模式中，单击【拉伸】图标按钮，以 TOP 基准平面为草绘平面，创建一边长为200的正方体实体特征；

（2）单击【壳】图标按钮，打开【壳特征】操控板，如图6-54所示，系统按照默认的方式对模型进行抽壳处理，此时的模型显示如图6-55所示；

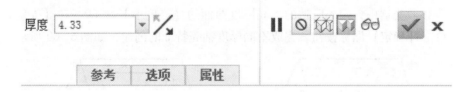

图6-54　【壳特征】操控板

（3）单击【参照】按钮，弹出【参照】下拉面板，如图6-56所示，激活【移除的曲面】收集器，按住 Ctrl 键依次选取正方体上表面和一个侧面作为移除参照，如图6-57所示；

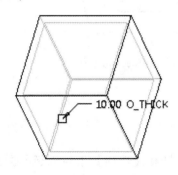

图6-55　系统默认的抽壳处理　　　　图6-56　【参照】下拉面板

（4）在【壳特征】操控板中，输入壳体的【厚度】为30；

（5）单击【确定】图标按钮，完成单一厚度抽壳特征的创建，如图6-58所示。

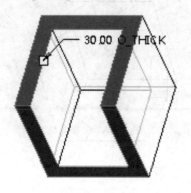
图6-57　选取移除参照

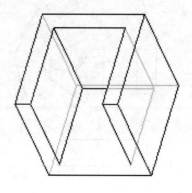
图6-58　完成的抽壳特征

6.5.2　不同厚度抽壳特征的创建

操作步骤如下：

（1）～（4）同本书6.5.1小节（1）～（4）步骤；

（5）在【参照】上滑面板中，激活【非默认厚度】收集器，选取正方体的底面，以修改该面的抽壳厚度，如图6-59所示；

（6）在该收集器中，输入已选的不同厚度曲面的【厚度值】为60，在【壳特征】操控板中，单击【确定】图标按钮，完成不同厚度抽壳特征的创建，如图6-60所示。

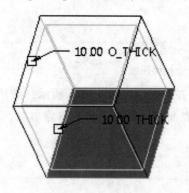
图6-59　选取不同厚度曲面

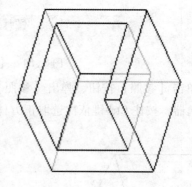
图6-60　完成的抽壳特征

6.5.3　操作及选项说明

利用排除的曲面创建抽壳特征

在创建抽壳特征的过程中，可以单击【选项】按钮，打开【选项】下拉面板并激活【排除的曲面】收集器，如图6-62所示。在绘图区中选取要排除的曲面，使其不被壳化，如图6-63所示，原始模型如图6-61所示，最终创建的抽壳特征如图6-64所示。

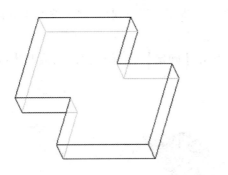
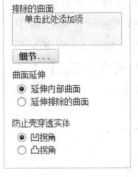

图 6-61　原始模型　　　　　图 6-62　【选项】下拉面板

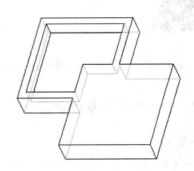

图 6-63　选取排除的曲面　　　　　图 6-64　完成的抽壳特征

6.6　拔模特征的创建

调用命令的方式如下：

图标方式：单击【模型】菜单项中的【拔模】 图标按钮。

6.6.1　基本拔模特征的创建

操作步骤如下：

（1）在零件模式中，单击【拉伸】图标按钮，以 TOP 基准平面为草绘平面，指定拉伸特征深度的方法为【对称】，创建一边长为 200 的正方体实体特征；

（2）单击【拔模】图标按钮，打开【拔模特征】操控板，如图 6-65 所示；

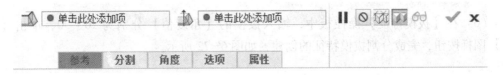

图 6-65　【拔模】特征操控板

（3）选取正方体的前表面作为拔模曲面参照，如图6-66所示；

（4）在【拔模特征】操控板中，激活【拔模枢轴】收集器，选取正方体的上表面作为拔模枢轴参照，如图6-67所示；

（5）输入拔模的【角度】为15，单击【确定】图标按钮，完成基本拔模特征的创建，如图6-68所示。

图6-66　选取拔模曲面参照

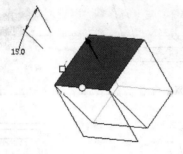
图6-67　选取拔模枢轴参照

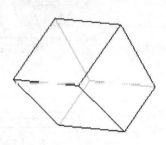
图6-68　完成基本拔模特征

6.6.2　分割拔模特征的创建

操作步骤如下：

（1）～（3）同本书6.6.1小节（1）～（3）步骤；

（4）激活【拔模】特征操控面板下的【拔模枢轴】收集器，选取TOP基准平面作为拔模枢轴参照，如图6-69所示；

（5）单击【分割】按钮，弹出如图6-70所示【分割】下拉面板，选择【根据拔模枢轴分割】选项，如图6-71所示；

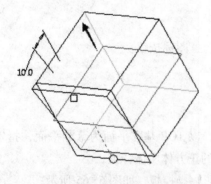
图6-69　选取拔模参照

图6-70　【分割】下拉面板

（6）在【拔模特征】操控板中，输入拔模的【角度值】分别为10、30，单击【确定】图标按钮，完成分割拔模特征的创建，如图6-72所示。

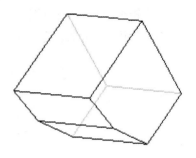

图6-71 分割选项　　　　　　　　　图6-72 完成的分割拔模特征

6.7 筋特征的创建

【轮廓筋】调用命令的方式如下：

图标方式：单击【模型】菜单项中的【筋】图标按钮。

操作步骤如下：

(1) 在零件模式中，单击拉伸图标按钮，以 TOP 基准平面为草绘平面，创建一长为200，宽为200，高为30的长方体，如图6-73所示，再以长方体的上表面为草绘平面创建一直径为100，高为80的圆柱体，如图6-74所示；

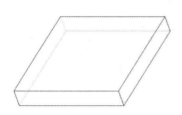

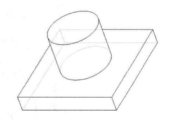

图6-73 长方体实体　　　　　　　图6-74 创建圆柱体

(2) 单击【筋】图标按钮，打开【轮廓筋】特征操控板，如图6-75所示；

图6-75 【轨迹筋】特征操控板

(3) 单击【放置】下拉面板中的【定义】按钮，选择 FRONT 基准平面为草绘平面，接受系统默认的 RIGHT 基准平面为参照平面，单击【草绘】按钮，进入草绘模式；

(4) 绘制截面直线，如图6-76所示。绘制时注意必须使截面直线与相邻两图元相交，单击【确定】图标按钮，回到零件模式；

（5）在【轮廓筋】特征操控板中，输入轮廓筋的【厚度值】为30，单击【确定】图标按钮，完成轮廓筋特征的创建，如图6-77所示。

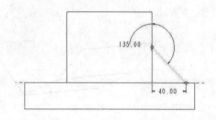

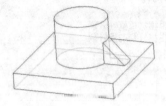

图6-76　截面直线　　　　　　　　图6-77　完成的轮廓筋特征

6.8　综合范例

6.8.1　千斤顶顶垫的绘制

绘制千斤顶顶垫零件模型，如图6-78所示。

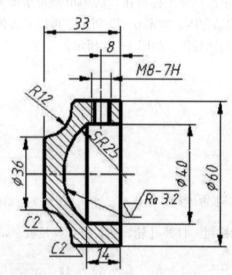

图6-78　顶垫零件图

操作步骤如下：

（1）单击【新建】按钮，或者选择【文件】→【新建】命令，在弹出的【新建】对话框中选择【零件】按钮，在子类型中选择【实体】按钮。输入零件名称【dingdian】，取消选择【使用缺省模板】复选框，单击【确定】按钮，在弹出的【新文件选项】对话框中选择公制模板 mmns_ part_ solid，单击【确定】按钮，进入零件设计界面；

（2）单击【旋转】按钮，在如图6-79所示【旋转】操作面板上选择【实体】，指定生成旋转实体。单击【放置】按钮，打开下拉面板。然后单击图6-80所示下拉面板上的

【定义】按钮，系统弹出【草绘】对话框并提示用户选定草绘平面，选取 FRONT 基准平面作为草绘平面，如图 6-81 所示，接受系统默认的参照方向，单击【草绘】按钮，进入草绘模式；

图 6-79　【旋转】操作面板

图 6-80　【位置】对话框

图 6-81　【草绘】对话框

（3）单击【中心线】按钮，绘制一条垂直中心线，然后绘制特征截面（参照图 6-78），如图 6-82 所示。单击【确定】图标按钮，完成特征截面；

（4）接受系统默认的旋转角度值为 360°，并单击【确定】图标按钮，完成旋转特征的创建，如图 6-83 所示；

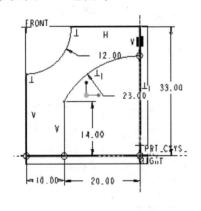

图 6-82　特征截面

图 6-83　旋转特征

（5）单击【基准平面】图标，打开【基准平面】对话框，选择如图 6-85 所示的偏移 RIGHT 平面，在【基准平面】对话框中的约束条件默认为【偏移】，同时设置偏移距离为

30，如图6-84所示。需要注意的是，在【偏移】条件下，系统会显示一个距离方向的箭头，该箭头指示距离的正方向，当偏移的距离与指示方向相同时输入正值，反之输入负值；

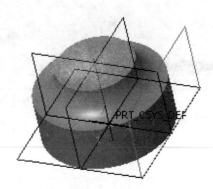

图6-84 【基准平面】对话框   图6-85 偏移【RIGHT】平面

（6）单击【确定】按钮，建立如图6-85所示的基准平面DTM1；

（7）单击【孔】按钮，在操作板上选取【标准孔】按钮，显示标准孔参照面板，如图6-86所示。在操控面板上选取ISO标准，选取螺钉M8×.75，孔的深度为15；

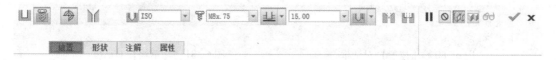

图6-86 【标准孔】操作面板

（8）选取DTM1作为孔的放置平面，单击主视图下侧的【放置】按钮，在次参照中单击鼠标左键，系统会提示用户选取两个参照来定义孔的位置。同样选取FRONT面，再按住CTRL键选取TOP平面，在其特征类型中选择【偏移】单选按钮，偏移距离为0和5.5，如图6-87所示。单击操控板下侧的【形状】按钮，如图6-88所示；

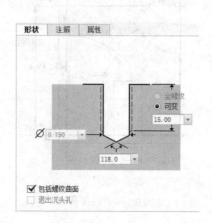

图6-87 【放置】对话框   图6-88 【形状】对话框

（9）单击【完成】按钮或鼠标中键完成孔的特征的创建，创建的孔如图 6-89 所示；

（10）单击【保存】按钮，保存文件到指定的目录并关闭窗口。

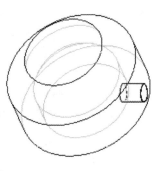

图 6-89　创建的孔特征

6.8.2　千斤顶底座的绘制

绘制千斤顶底座零件模型，如图 6-90 所示。

操作步骤如下：

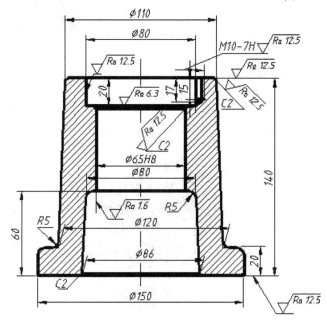

图 6-90　千斤顶底座零件图

（1）单击【新建】按钮，或者选择【文件】→【新建】命令，在弹出的【新建】的对话框中选择【零件】按钮，在子类型中选择【实体】按钮。输入零件名称【dizuo】，取消选择【使用缺省模板】复选框，单击【确定】按钮，在弹出的【新文件选项】对话框中选择公制模板 mmns_ part_ solid，单击【确定】按钮，进入零件设计模式；

（2）单击【旋转】按钮，【旋转】界面默认选择【实体】按钮。单击【放置】按钮，打开下拉面板，然后单击下拉面板上的【定义】按钮，系统弹出【草绘】对话框并提示用户选定草绘平面，选取 FRONT 基准平面作为草绘平面，进入草绘模式；

（3）单击【中心线】按钮，绘制一条垂直中心线，然后绘制特征截面（参照图 6-90），如图 6-91 所示。单击【确定】图标按钮，退出草绘模式；

（4）接受系统默认的旋转角度值为 360，并单击【确定】图标按钮或鼠标中键，完成旋转特征的创建，如图 6-92 所示；

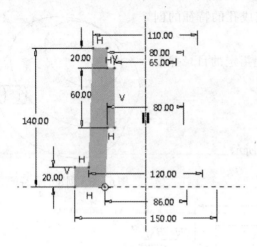

图 6-91　特征截面　　　　　　　　　　图 6-92　生成实体

（5）单击【基准平面】，打开【基准平面】对话框，选择如图 6-93 所示的 FRONT 平面，在【基准平面】对话框中将约束条件选为【偏移】，设置偏移距离为 40；

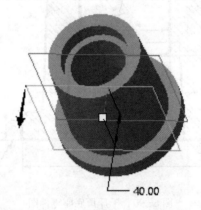

图 6-93　选择【FRONT】平面偏移

（6）单击【确定】按钮，建立基准平面 DTM1；

（7）单击【孔】按钮，在操作板上选取【标准孔】按钮，显示标准孔操作面板，在操控板上选取 ISO 标准，选取螺钉 M10×.75，孔的深度为 17，如图 6-94 所示；

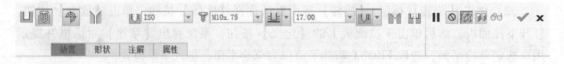

图 6-94　【标准孔】操作面板

（8）选取底座的上表面作为孔的放置平面，单击【放置】按钮，在偏移参考中单击鼠标左键，系统提示用户选取两个参照来定义孔的位置。选取 DTM1 和 RIGHT 平面，如图 6-95 所示。在其特征类型中选择【偏移】单选按钮，偏移距离为 0 和 0。单击主视区下侧的【形状】按钮，如图 6-96 所示；

图 6-95　设置孔位置　　　　　　图 6-96　设置孔形状

（9）单击【确定】图标按钮或鼠标中键，完成孔特征的创建，创建的孔如图 6-97 所示；

（10）单击【倒角】按钮，输入值为 2，如图 6-98 所示。选择倒角边，单击【确定】图标按钮。完成倒角的创建；

图 6-97　创建的标准孔

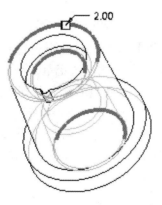

图 6-98　【倒角】选择边

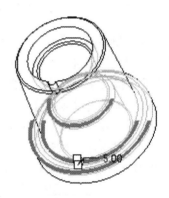

图 6-99　【倒圆角】选择边

（11）单击【倒圆角】按钮，输入值为 5，如图 6-99 所示。选择倒圆角的圆弧，单击【对勾】图标按钮，完成倒圆角，生成模型如图 6-100 所示。

6.8.3　螺套的创建

绘制螺套零件模型，如图 6-101 所示。

操作步骤如下：

（1）单击【新建】按钮，或者选择【文件】→【新建】命令，在弹出的【新建】对话框中选择【零件】按钮，在子类型中选择【实体】按钮。输入零件名称【luotao】，取消选

图 6-100　千斤顶底座

择【使用缺省模板】复选框，单击【确定】按钮，在弹出的【新文件选项】对话框中选择公制模板 mmns_ part_ solid，单击【确定】按钮，进入零件设计模式；

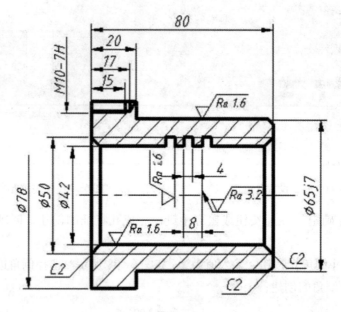

图 6-101　螺套零件图

（2）单击【旋转】→【放置】按钮，打开下拉面板。然后单击下拉面板上的【定义】按钮，弹出【草绘】对话框并提示用户选定草绘平面，选取 FRONT 基准平面作为草绘平面，接受系统默认的参照方向，单击【草绘】按钮，进入草绘模式；

（3）单击【中心线】按钮，绘制一条水平中心线，然后绘制特征截面（参照图 6-101），如图 6-102 所示。单击【确定】图标按钮，退出草绘模式；

（4）接受系统默认的旋转角度值为 360，并单击【确定】图标按钮，或鼠标中键完成旋转特征的创建，如图 6-103 所示；

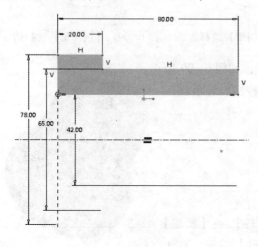

图 6-102　特征截面

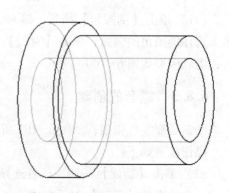

图 6-103　生成实体

（5）选择【扫描】→【螺旋扫描】命令，显示【螺旋扫描】操作面板，如图 6-104 所示；

图 6-104　【螺旋扫描】操作面板

图 6-105　【参考】对话框

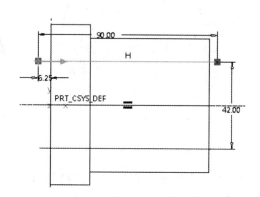

图 6-106　草绘扫引轨迹

（6）选择默认的【实体】和【右手定则】命令，单击【参考】按钮，打开下拉面板，如图 6-105 所示，然后单击下拉面板上的【定义】按钮，弹出【草绘】对话框并提示用户选定草绘平面，选取 FRONT 基准平面作为草绘平面，接受系统默认的参照方向，单击【草绘】按钮，进入草绘模式；

（7）单击【中心线】按钮，绘制一条水平中心线，然后绘制扫引轨迹线，如图 6-106 所示。轨迹线长度为 90，单击【确定】图标按钮，退出草绘模式；

（8）输入节距值为 8，按 Enter 键完成操作，单击【创建或编辑扫描截面】，系统再次进入草绘模式，在扫引轨迹线的起始点位置绘制如图 6-107 所示的特征截面；

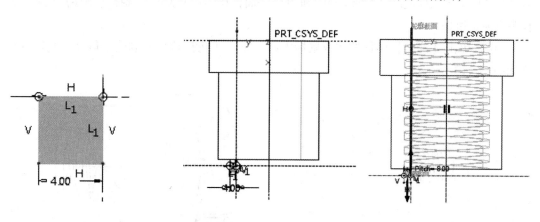

图 6-107　特征截面

图 6-108　移除材料

（9）单击【确定】图标按钮，退出草绘模式，在弹出扫描形状，单击【移除材料】

图标按钮,移除材料,如图6-108所示;

(10) 单击【预览】按钮,在绘图区域会显示创建的螺纹特征。单击【确定】按钮,即可完成特征的创建,如图6-109所示;

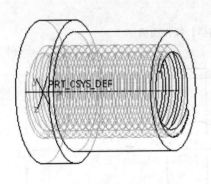
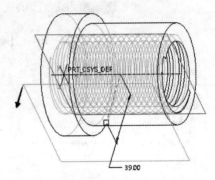

图6-109 创建的螺纹特征   图6-110 建立【DTM1】基准平面

(11) 单击【基准平面】图标,打开【基准平面】对话框,选择FRONT平面,在【基准平面】对话框的默认为【偏移】,设置偏移距离为39,如图6-110所示。单击【确定】按钮,建立基准平面DTM1;

(12) 单击【孔】按钮,在操作板上选取【标准孔】按钮,显示如图6-111所示的标准孔操作面板,在操控板上选取ISO标准,选取螺钉M10×.75,孔的深度为17;

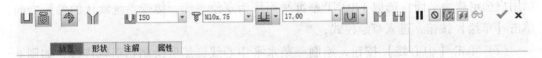

图6-111 【标准孔】操作面板

(13) 选取底座的上表面作为孔的放置平面,单击【放置】按钮,如图6-112所示,在偏移参考中单击鼠标左键,选取DTM1和TOP平面,在其特征类型中选择【偏移】按钮,偏移距离为0和0;

(14) 单击【确定】图标按钮或鼠标中键,完成【孔】特征的创建,最终螺套零件模型如图6-113所示;

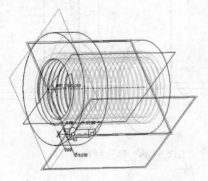
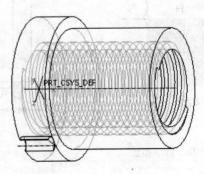

图6-112 【放置】孔的位置   图6-113 创建的孔特征

（15）单击【保存】按钮，保存文件到指定的目录并关闭窗口。

6.8.4 千斤顶螺旋杆的创建

绘制螺旋杆零件模型，如图6-114所示。

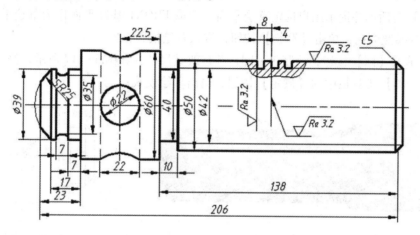

图6-114 螺旋杆零件图

操作步骤如下：

（1）单击【新建】按钮，或者选择【文件】→【新建】命令，在弹出的【新建】对话框中选择【零件】按钮，在子类型中选择【实体】按钮。输入零件名称【luoxuangan】，取消选择【使用缺省模板】复选框，单击【确定】按钮，在弹出的【新文件选项】对话框中选择公制模板 mmns_ part_ solid，单击【确定】按钮，进入零件设计模式；

（2）单击【旋转】→【放置】按钮，打开下拉面板。然后单击下拉面板上的【定义】按钮，弹出【草绘】对话框并提示用户选定草绘平面，选取 FRONT 基准平面作为草绘平面，接受系统默认的参照方向，单击【草绘】按钮，进入草绘模式；

（3）单击【中心线】按钮，绘制一条水平中心线，然后绘制特征截面（参照图6-28），如图6-115所示。单击【确定】图标按钮，退出草绘模式；

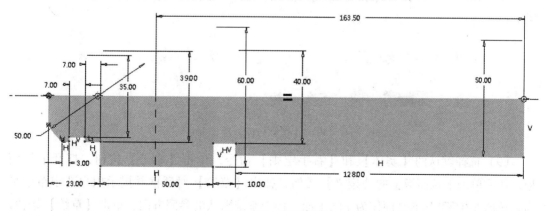

图6-115 特征截面

（4）接受系统默认的旋转角度值为360，并单击【确定】图标按钮，或鼠标中键完成旋转特征的创建，如图6-115所示；

（5）单击【拉伸】按钮，在【拉伸】的操作面板上选择【实体】按钮，以指定生成拉伸实体如图6-116所示。单击【放置】按钮，打开下拉面板的【定义】按钮，系统弹出【草绘】会话框并提示用户选定草绘平面。选取FRONT基准平面作为草绘平面，接受系统默认的参照方向，单击【草绘】按钮，进入草绘模式；

（6）单击【圆】按钮，绘制一个圆，并修改其尺寸，如图6-117所示，修改完成后，单击【草绘器】工具栏中的【确定】按钮，退出草绘模式；

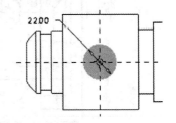

图6-116　创建的拉伸特征　　　　　　　图6-117　草绘图

（7）在【深度】选项中选择【对称】在其后的选框中输入65，点击【去除材料】按钮，单击【对称】按钮或是鼠标中键，完成拉伸的创建。同样在TOP平面做同样的拉伸，如图6-118所示；

图6-118　创建的孔特征

（8）选择【扫描】→【螺旋扫描】命令，显示【螺旋扫描】操作面板，如图6-119所示；

图6-119　【螺旋扫描】操作面板

（9）选择默认的【实体】和【右手定则】命令，单击【参考】按钮，打开下拉面板，然后单击下拉面板上的【定义】按钮，弹出【草绘】对话框并提示用户选定草绘平面，选取FRONT基准平面作为草绘平面，接受系统默认的参照方向，单击【草绘】按钮，进入草绘模式；

（10）单击【中心线】按钮，绘制一条水平中心线，然后绘制扫引轨迹线，轨迹线长度为136，如图6-120所示。单击【确定】图标按钮，退出草绘模式；

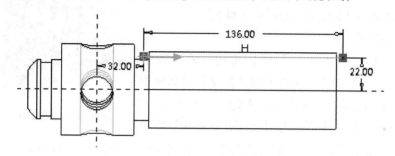

图6-120 草绘扫引轨迹

（11）输入节距值为8，按Enter键完成操作，单击【创建或编辑扫描截面】，系统再次进入草绘模式，在扫引轨迹线的起始点位置绘制如图6-121所示的特征截面；

（12）单击【确定】图标按钮，退出草绘模式，在弹出扫描形状，单击【移除材料】图标按钮，移除材料，如图6-122所示，单击【预览】按钮，在绘图区域会显示创建的螺纹特征。单击【确定】按钮，即可完成特征的创建，如图6-123所示；

（13）单击【保存】按钮，保存文件到指定的目录并关闭窗口。

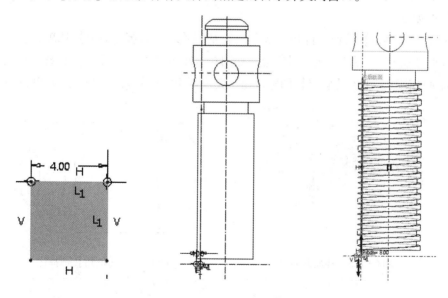

图6-121 特征截面　　　　　　　图6-122 显示去除材料

图6-123 创建的螺纹特征

6.8.5　螺钉 M8×12 的创建

绘制螺钉 M8×12 模型，如图 6-124 所示。

图 6-124　螺钉 M8×12 模型

操作步骤如下：

（1）在工具栏中单击【新建】按钮，或者选择【文件】→【新建】命令，在弹出的【新建】对话框中选择【零件】按钮，在子类型中选择【实体】按钮。输入零件名称【luodingM8】，取消选择【使用缺省模板】复选框，单击【确定】按钮。在弹出的【新文件选项】对话框中选择公制模板 mmns_part_solid，单击【确定】按钮进入零件设计模式；

（2）单击【旋转】→【放置】按钮，打开下拉面板。然后单击下拉面板上的【定义】按钮，弹出【草绘】对话框并提示用户选定草绘平面，选取 FRONT 基准平面作为草绘平面，接受系统默认的参照方向，单击【草绘】按钮，进入草绘模式；

（3）单击【中心线】按钮，绘制一条水平中心线，然后绘制特征截面（参照图 6-124），如图 6-125 所示。单击【确定】图标按钮，退出草绘模式；

（4）接受系统默认的旋转角度值为 360，并单击【确定】图标按钮，或鼠标中键完成旋转特征的创建；

（5）单击【倒角】按钮，打开【倒角】特征操作板，选择【DxD】选项，在尺寸框中输入尺寸值分别为 0.5 和 2，选择对应边，如图 6-126 和图 6-127 所示。选择圆柱两条边进行倒角特征的创建，单击【确定】图标按钮，完成倒角特征的创建，如图 6-128 所示；

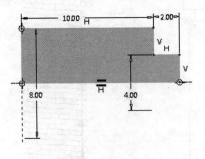

图 6-125　特征截面

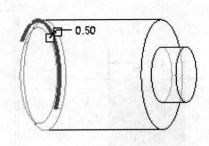

图 6-126　【倒角】选择边

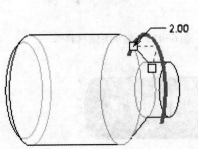

图 6-127　【倒角】选择边

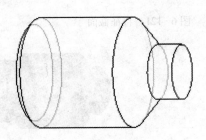

图 6-128　创建的倒角特征

（6）选择【扫描】→【螺旋扫描】命令，显示【螺旋扫描】操作面板，如图 6-129 所示；

图 6-129 【螺旋扫描】操作面板

（7）选择默认的【实体】和【右手定则】命令，单击【参考】按钮，打开下拉面板，如图 6-130 所示，然后单击下拉面板上的【定义】按钮，弹出【草绘】对话框并提示用户选定草绘平面，选取 FRONT 基准平面作为草绘平面，接受系统默认的参照方向，单击【草绘】按钮，进入草绘模式；

图 6-130 【参考】对话框

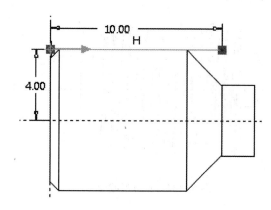

图 6-131 草绘扫引轨迹

（8）单击【中心线】按钮，绘制一条水平中心线，然后绘制扫引轨迹线，轨迹线长度为 10，如图 6-131 所示。单击【确定】图标按钮，退出草绘模式；

（9）输入节距值为 1，按 Enter 键完成操作，单击【创建或编辑扫描截面】，系统再次进入草绘模式，在扫引轨迹线的起始点位置绘制如图 6-132 所示的特征截面；

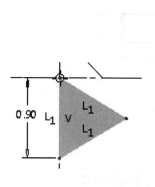

图 6-132 特征截面

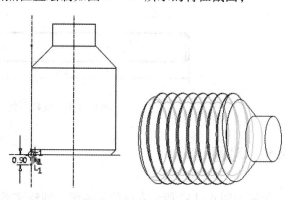

图 6-133 创建的螺纹特征

（10）单击【确定】图标按钮，退出草绘模式，在弹出扫描形状，单击【移除材料】图标按钮，移除材料，单击【预览】按钮，在绘图区域会显示创建的螺纹特征。单击【确定】按钮，即可完成特征的创建，如图 6-133 所示；

（11）单击【拉伸】按钮，在【拉伸】操作面板上默认为【实体】按钮，以指定生成拉伸实体。单击【放置】按钮，打开上滑面板的【定义】按钮，系统弹出【草绘】对话框并提示用户选定草绘平面，选取 TOP 基准平面作为草绘平面，接受系统默认的参照方向，单击【草绘】按钮，进入草绘模式；

（12）单击【直线】按钮，绘制一个正方形，并修改其尺寸，如图 6-134 所示。单击【确定】图标按钮，退出草绘模式。在【拉伸】界面的【深度】填入数值为 8，并设置对称，选择【去除材料】，单击【确定】图标按钮，或鼠标中键完成拉伸特征的创建，如图 6-135 所示；

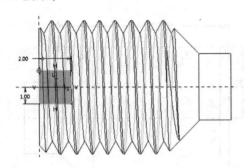

图 6-134　正方形截面　　　　　图 6-135　创建的拉伸特征

（13）单击【保存】按钮，保存文件到指定的目录并关闭窗口。

6.8.6　绞杠的创建

新建【jiaogang】文件，应用【拉伸】和【倒角】命令可以完成绞杠的建模如图 6-136 所示，在此略去操作步骤。

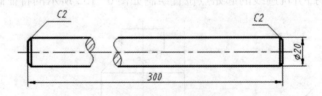

图 6-136　铰杠零件图

6.9　习题

1. 根据如图 6-137 所示支座的三视图，创建该零件的三维实体模型。
2. 根据如图 6-138 所示支座的三视图，创建该零件的三维实体模型。

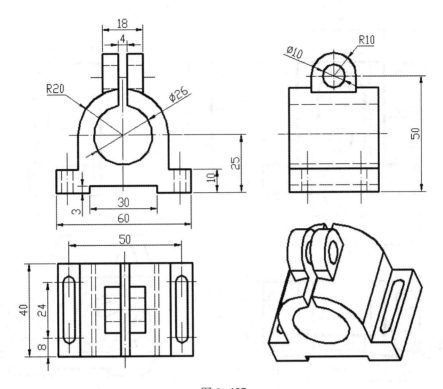

图 6-137

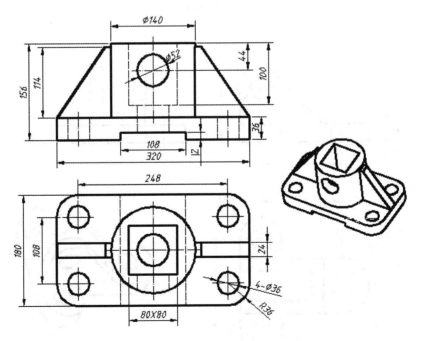

图 6-138

3. 根据如图 6-139 所示支座的视图，创建该零件的三维实体模型。

4. 根据如图 6-140 所示零件的视图，创建该零件的三维实体模型。

141

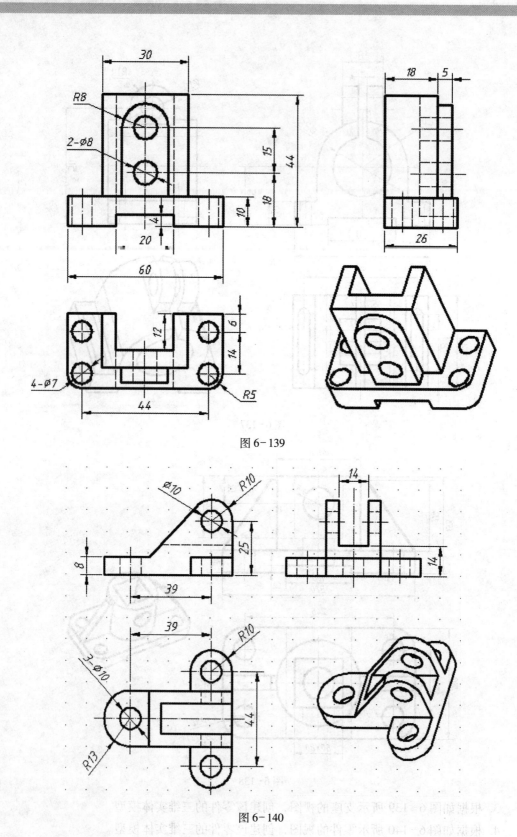

图 6-139

图 6-140

5. 根据如图 6-141 所示零件的视图, 创建该零件的三维实体模型。

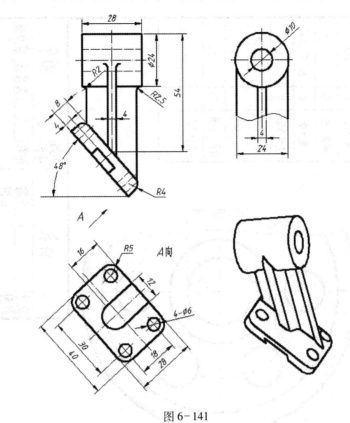

图 6-141

6. 根据如图 6-142 所示零件的视图, 创建该零件的三维实体模型。

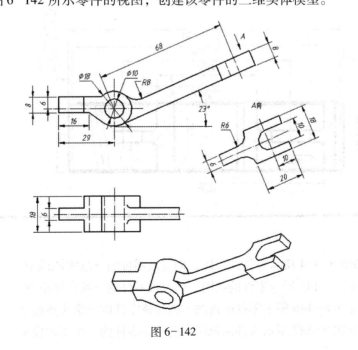

图 6-142

7. 根据如图6-143所示零件的视图，创建该零件的三维实体模型。

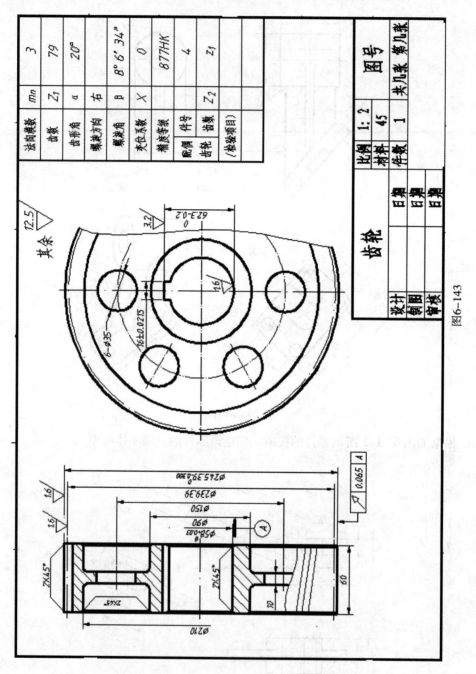

图6-143

8. 根据如图6-144所示零件的视图，创建该零件的三维实体模型。
9. 根据如图6-145所示零件的视图，创建该零件的三维实体模型。
10. 根据如图6-146所示零件的视图，创建该零件的三维实体模型。
11. 根据如图6-147所示零件的视图，创建该零件的三维实体模型。

12. 根据如图 6−148 所示零件的视图，创建该零件的三维实体模型。

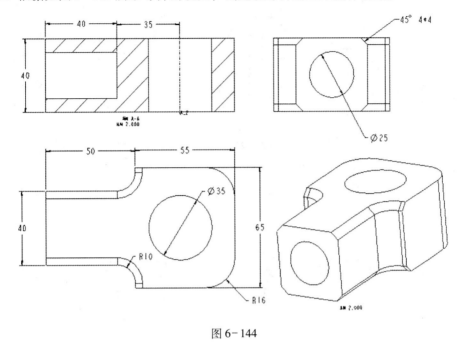

图 6−144

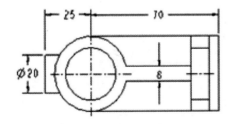
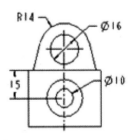

图 6−145

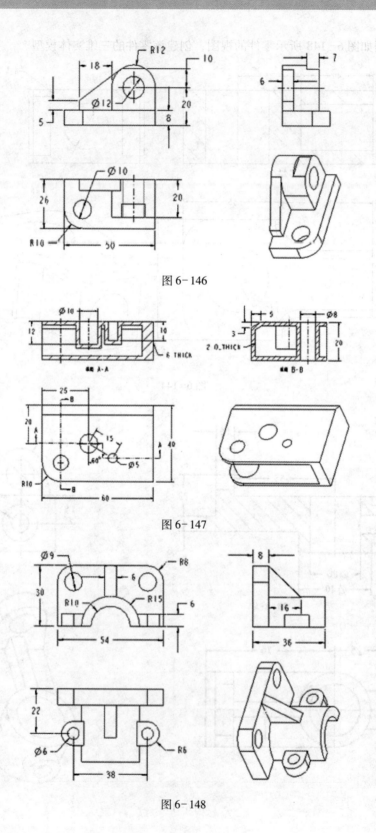

图6-146

图6-147

图6-148

第 7 章　特征的编辑

本章将介绍的内容如下：

（1）特征的修改。

（2）多级撤销与重做。

（3）创建镜像复制特征。

（4）创建移动复制特征。

（5）创建阵列特征。

（6）特征的成组与顺序调整。

7.1　特征的修改

特征创建时和创建后，可以对特征进行编辑和修改。特征的修改主要有：特征尺寸的修改、特征的删除、特征的隐含与隐藏、特征的编辑定义。

7.1.1　特征尺寸的修改

可以对特征的尺寸进行修改和相关的修饰元素进行重新编辑定义。调用命令的方式如下：

方法一：在模型树种单击特征→右击→单击【编辑】按钮→双击需要修改的尺寸→输入新尺寸→按 Enter（或单击中键）→单击。

方法二：在模型区域中【双击】特征→进入编辑状态→双击需要修改的尺寸→输入新尺寸→按 Enter（或单击中键）→单击。

操作步骤如下：

（1）创建实体特征，如图 7-1 所示；

（2）在模型树（如图 7-2 所示）中单击要编辑的特征→右击，在弹出的快捷菜单中单击 按钮，如图 7-3 所示；

（3）进入特征编辑状态（如图 7-4 所示）后，在模型中双击需要修改的尺寸；

（4）在弹出的文本框中输入需要修改成的尺寸，然后按 Enter（或单击中键），特征立即生效，如图 7-5 所示；

（5）再次单击，退出编辑界面。

图 7-1　实体特征

图 7-2　模型树

图 7-3　右击弹出快捷菜单

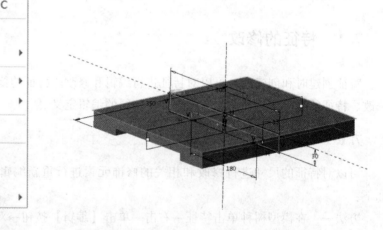

图 7-4　特征编辑状态

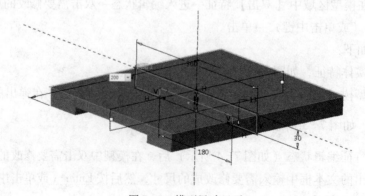

图 7-5　模型尺寸显示

7.1.2　特征的删除

调用命令的方式如下：

在模型树种单击特征→右击→删除。

操作步骤如下：

（1）创建实体特征，如图7-6所示；

（2）在模型树中单击要编辑的特征→右击，弹出的快捷菜单如图7-3所示；

（3）单击 ✖ 删除 选项；

（4）如果要删除的特征没有子特征，系统弹出删除确认对话框，如图7-7所示。点击【确定】按钮，删除特征；

（5）如果要删除的特征有子特征，系统弹出删除对话框（如图7-8所示），同时系统在模型树中加量该特征的子特征。点击【确定】按钮，删除特征及其子特征。如想单独处理某子特征，可以单击【选项】，系统弹出"子项处理对话框"进行处理，如图7-9所示。

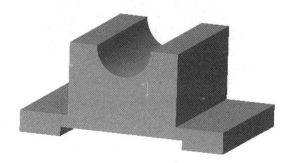

图7-6　实体特征

图7-7　删除确认对话框

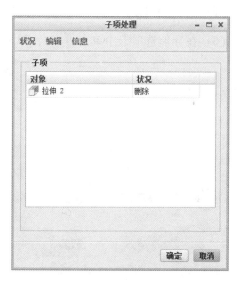

图7-9　子项处理对话框

图7-8　删除对话框

7.1.3　特征的隐含与隐藏

1. 特征的隐含

在某些为了设计需要的情况下，需要简化某些零件上的特征或者装配体上的装配模型，这样可以减少再生时间，加速修改过程和模型显示速度，这就需要对特征进行隐含。隐含特征就是暂时将特征从模型中删除，如果隐含特征含有子特征，那么它的子特征也会一同被隐含。同样，在装配体中也可以隐含装配体的某些元件。

调用命令的方式如下：

在模型树种单击特征→右击→隐含。

操作步骤如下：

（1）创建实体特征，如图7-10所示；

（2）在模型树中单击要隐含的特征→右击，弹出的快捷菜单如图7-3所示；

（3）单击 🔵 隐含 选项；

（4）如果要删除的特征没有子特征，系统弹出隐含对话框，如图7-11所示。点击【确定】按钮，特征立即被隐含；

（5）如果要删除的特征有子特征，其子特征一起被隐含。

2. 隐含特征的恢复

操作步骤如下：

（1）～（5）同上（1）～（5）步骤。

（6）在导航选项卡中单击 ▼，弹出的快捷菜单如图7-12所示；

图7-10　实体特征

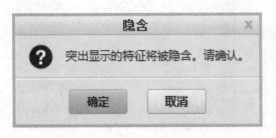

图7-11　隐含对话框

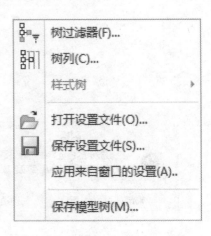

图7-12　设置下拉菜单

（7）单击 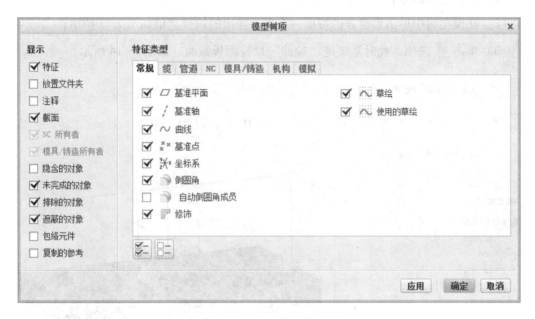 树过滤器(F)... 选项，弹出菜单如图 7－13 所示；

（8）选中对话框中的 ☑隐含的对象 复选框，然后单击【确定】按钮，这样隐含的特征名在模型树中就被显示出来了，被隐含的特征名前有一个小黑点；

（9）在模型树中右击被隐含的特证名，在弹出的菜单中单击 恢复 ，特征即被恢复。

图 7－13 "模型树项"菜单

3. 特征的隐藏与取消隐藏

为了设计的需要，零件上的某些特征或者装配体上的装配模型需要不被显示，这就需要对特征进行隐藏。隐藏特征就是简单把特征在模型中不显示，并没有把特征删除，也没有把特征从内存中清除。同样，在装配体中也可以隐含装配体的某些元件。调用命令的方式如下：

在模型树种单击特征→右击→隐藏。

操作步骤如下：

（1）创建实体特征，如图 7－1 所示；

（2）在模型树中单击要隐含的特征基准→右击，弹出的快捷菜单如图 7－3 所示；

（3）单击 👁 隐藏 选项，特征即被隐藏；

（4）如果想取消隐藏，在模型树中右击特证名，在弹出的菜单中单击 👁 取消隐藏 ，特征即被显示。

7.1.4 特征的编辑定义

在特征创建完成后，如果需要重新定义特征的属性、截面的形状或特征的深度等内容，需要对特征进行"编辑定义"。

调用命令的方式如下：

在模型树种单击特征→右击→编辑选定对象的定义🖌️。

操作步骤如下：

（1）创建实体特征，如图7-1所示；

（2）在模型树中单击要隐含的特征→右击，弹出的快捷菜单如图7-3所示；

（3）单击🖌️选项，此时系统进"拉伸"操控面板截面，如图7-14所示；

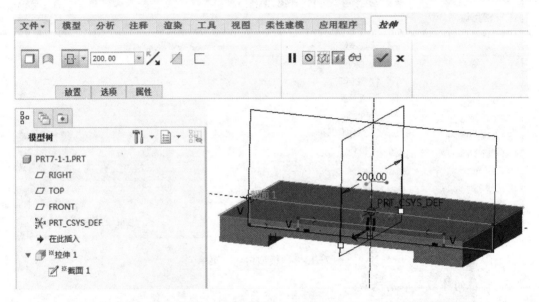

图7-14　"拉伸"操控面板

（4）在【选项】选项卡界面可以编辑定义深度类型、深度值、锥度等操作；

（5）在【放置】选项卡界面可以编辑定义草绘特征。单击【放置】选项卡→单击 编辑... →此时系统进入【草绘】环境→单击 设置▾ 区域中的 🔳草绘设置 按钮→系统弹出草绘对话框，如图7-15→可以根据前面"草绘"章节所讲的方法来重新编辑定义草绘图形。

图7-15　"草绘"对话框

7.1.5　特征尺寸属性的修改

在进入了特征的编辑状态之后，不仅可以修改特征尺寸与重定义，还可以修改特征的某个尺寸的属性。

操作步骤如下：

（1）在模型界面单击需要修改其属性的某个尺寸；

（2）然后右击，在弹出的菜单中单击选择 属性… ，系统弹出"尺寸属性"对话框，如图7-16所示；

（3）在"尺寸属性"对话框中，有【属性】【显示】【文本样式】三个选项卡，可以进入对其进行编辑定义，如图7-16、图7-17和图7-18所示；

（4）单击【确定】按钮，修改完成。

图7-16 "尺寸属性"对话框"属性"选项卡

图7-17 "尺寸属性"对话框"显示"选项卡

图7-18 "尺寸属性"对话框"文本样式"选项卡

7.2　多级撤销与重做

Creo3.0软件提供了方便的多级撤销和重做功能，在对于特征、组件和制图的操作中，如果误删除、重定义或者修改了某些内容，多级撤销与重做的优点就发挥出来了，只需要操作多级撤销和重做功能就可以恢复原状。调用命令的方式如下：

撤销：执行 ↩ ▾命令。

重做：执行 ↪ ▾命令。

操作步骤如下：

（1）创建拉伸实体特征如图7-19所示；

（2）创建切削拉伸特征如图7-20所示；

图7-19　拉伸实体特征

图7-20　切削拉伸特征

（3）删除上步创建的切削拉伸特征，然后单击工具栏中的 ↩ ▾按钮，即执行撤销命令，刚刚被删除的切削拉伸特征就恢复回来了；

（4）然后单击工具栏中的 ↪ ▾按钮，即执行重做命令，刚刚被恢复的切削拉伸特征就又删除了。

7.3　镜像复制特征

镜像复制特征用于创建与源特征相互对称的特征模型，该特征模型的形状与大小与源特征相同，即为源特征副本，其功能相当于一般的镜像操作。调用命令的方式如下：

单击 **模型** 功能选项卡 编辑 ▾ 区域中的

◖◗镜像 图标按钮→执行【镜像】命令。

操作步骤如下：

（1）创建实体特征，如图7-21所示；

（2）选择要镜像的特征，单击拉伸的圆

图7-21　源特征

柱特征；

（3）单击 **模型** 功能选项卡 编辑▼ 区域中的 ⫴镜像 图标按钮，执行【镜像】命令，系统弹出【镜像】操控版，如图7-22所示；

图7-22 【镜像】操控板

（4）选取 FRONT 基准面，作为镜像的中心平面；

（5）单击【镜像】操控版中的 ✔ 确认按钮完成镜像，如图7-23所示。

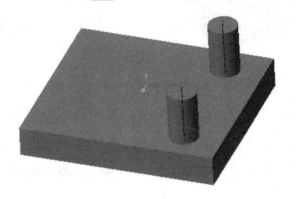

图7-23 镜像特征

7.4 移动复制特征

移动复制特征可以将源特征复制到另外一个位置，移动复制包括平移和旋转两种复制方式。调用命令的方式如下：

单击 **模型** 功能选项卡 操作▼ 区域中的 ⧉复制图标按钮→单击 ⧉粘贴▼ 按钮后面的【向下箭头】 ▼，在弹出的菜单中选择 ⧉ 选择性粘贴 命令。

7.4.1 平移复制特征的创建

特征的平移复制可以将源特征沿着一个平面垂直方向移动（或是沿边线、轴、坐标系）移动一定的距离来创建特征副本。

操作步骤如下：

（1）创建实体特征，如图7-24所示；

（2）选择要平移复制的特征，单击拉伸的圆柱特征；

（3）单击 模型 功能选项卡 操作▼ 区域中的 复制图标按钮，执行【复制】命令；

（4）单击 粘贴▼ 按钮后面的【向下箭头】 ▼ ，在弹出的菜单中选择 选择性粘贴 ，命令，系统弹出【选择性粘贴】对话框，如图7-25所示；

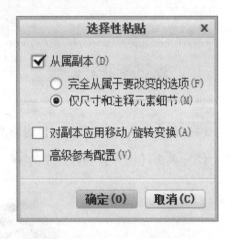

图7-24　源特征　　　　　　　　　　图7-25　【移动特征】菜单管理器

（5）在【选择性粘贴】对话框中选中 从属副本(D) 和 对副本应用移动/旋转变换(A) 复选框，然后单击 确定(O) 按钮，系统弹出【移动（复制）】操控板，如图7-26所示；

（6）单击【移动（复制）】操控板中的 按钮，选取FRONT基准面，作为平移方向的参考平面；

（7）然后在操控板的文本框中输入平移距离值45，按Enter，如图7-27所示；

（8）单击【移动（复制）】操控板中的 ✓ 按钮完成平移，如图7-28所示。

图7-26　【移动（复制）】操控板

图7-27　设置平移方向

图 7-28　平移特征

7.4.2　旋转复制特征的创建

特征的旋转复制可以将源特征沿曲面、轴或边线旋转一定的角度来创建源特征副本。操作步骤如下：

（1）~（5）同本书 7.4.1 小节中（1）~（5）步骤；

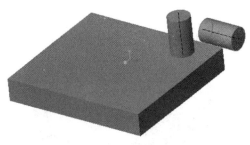

图 7-29　旋转特征

（6）单击【移动（复制）】操控板中的 ↻ 按钮，选取一条边作为旋转复制的参考平面；

（7）然后在操控板的文本框中输入平移距离值 90，按 Enter；

（8）单击【移动（复制）】操控板中的 ✓ 确认按钮完成旋转特征，如图 7-29 所示。

7.4.3　操作及选项说明

在进行移动复制的过程中，会弹出【移动（复制）】操控板，其包含【变换】和【属性】选项。

（1）单击【变换】按钮，系统弹出下拉列表中显示"变换"界面 1，如图 7-30 所示，单击自强的"新移动"选项，系统将显示出"变换"界面 2，在该界面中，可以选择新的参考方向进行原来特征的第二次移动复制。

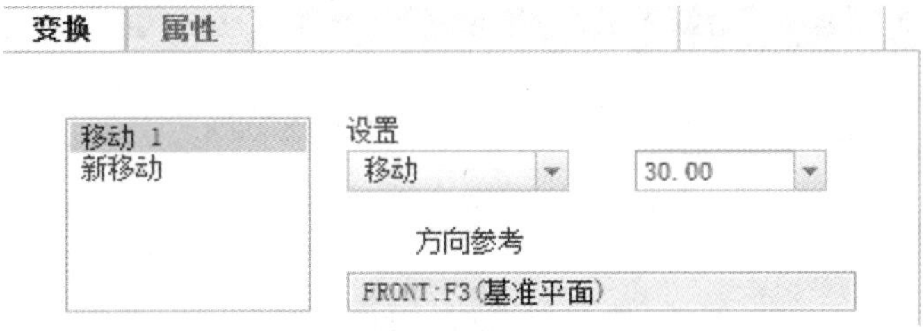

变换	属性		
移动 1 新移动	设置		
	移动 ▼	30.00 ▼	
	方向参考		
	FRONT:F3(基准平面)		

图 7-30　变换下拉列表

(2) 单击【设置】的下拉列表中选择【旋转】，则可以进行旋转复制的操作，如图7-31所示。

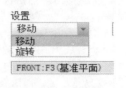

图7-31 旋转操作

7.5 阵列特征

阵列特征是指按照一定的规律创建多个特征副本，具有重复性、规律性和高效率的特点。可以说，阵列特征是复制生成特征的快捷方式。主要包括尺寸阵列、轴阵列、曲线阵列和填充阵列等多种类型。调用命令的方式如下：

单击 **模型** 功能选项卡的 编辑 ▾ 区域中的【阵列】 图标按钮。

7.5.1 创建尺寸阵列

尺寸阵列是通过定义选择特征的定位尺寸和方向来进行阵列复制的阵列方式。在尺寸阵列过程中，可以是单向阵列，也可以是双向阵列，还可以是按角度来进行尺寸阵列的。

操作步骤如下：

(1) 创建实体特征，如图7-32所示；

(2) 在模型中选择进行阵列操作的特征，如图7-33所示；

图7-32 实体特征

图7-33 选取源特征

(3) 单击 **模型** 功能选项卡的 编辑 ▾ 区域中的【阵列】 图标按钮，打开【阵列】操控板，如图7-34所示；

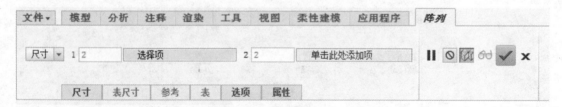

图7-34 尺寸阵列操控板

（4）在阵列操控板点击 **选项** 选项卡，在【重新生成选项】中选择"常规"，确定阵列类型，如图7-35所示；

图7-35 选择驱动尺寸

（5）在操控板中选择"尺寸"方式，来确定阵列控制方式；

（6）在操控板中单击 **尺寸** 选项卡，选取第一方向阵列的引导尺寸15，如图7-36所示，然后在"方向1"的【增量】文本框中输入值55；

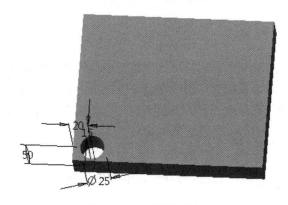

图7-36 选择驱动尺寸

（7）单击"方向2"编辑区域内的【尺寸】栏里的" 单击此处添加项 "，然后选取图7-36所示的20，在"方向2"的【增量】文本框中输入值65。这样就确定好了第一方向、第二方向的引导尺寸并给出增量值；

（8）在操控板第一方向的阵列个数栏里输入3，在第二方向个数栏里输入4，确定出第一方向和第二方向的阵列个数，如图7-37所示；

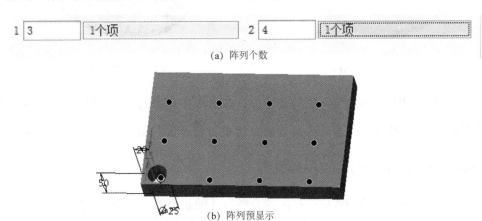

（a）阵列个数

（b）阵列预显示

图7-37 阵列个数与阵列预显示

（9）单击操控板中的完成图标按钮，完成尺寸阵列的创建，如图7-38所示；

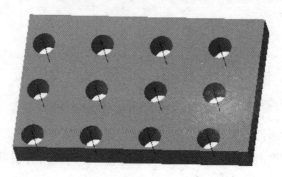

图7-38 创建的阵列

7.5.2 创建轴阵列

轴阵列可以创建环形阵列，是指特征围绕指定的旋转轴在圆周上创建的阵列特征。运用该方式创建阵列特征时，系统允许用户在两个方向上进行阵列操作，第一方向上的尺寸用来定义圆周方向上的角度增量，第二方向上的尺寸用来定义阵列的径向增量。

操作步骤如下：

（1）创建实体特征，如图7-39所示；

（2）在模型中选择进行阵列操作的特征，本例中选择模型中的小圆柱孔特征，如图7-40所示；

图7-39 实体特征   图7-40 选取源特征

（3）在模型树种选取该要阵列的孔特征，右击，在弹出的菜单中选择 ⊞ 阵列，打开尺寸阵列操控板（或者如7.5.1中所述的方法也可打开操控板：单击 **模型** 功能选项卡的 编辑▾ 区域中的【阵列】 图标按钮）；

（4）在阵列类型下拉列表中选择阵列类型为【轴】类型，如图7-41所示；

（5）在阵列操控板上单击【1】后面的收集器，然后在模型中选择中心轴A_1，并在该收集器后面的文本框中输入数值3，在其后的文本框中输入阵列角度120；

图7-41 【阵列】操控板

（6）单击轴阵列操控板中【2】后面的文本框，输入数值2，在其后的文本框中输入阵列尺寸50，模型显示如图7-42所示；

（7）单击完成图标按钮，完成轴阵列的创建，如图7-43所示。

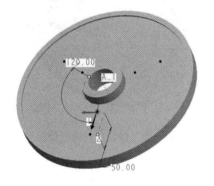

图7-42 显示轴阵列

图7-43 创建的轴阵列特征

7.5.3 创建引导尺寸环形阵列

引导尺寸阵列也可以完成环形阵列。由于引导尺寸阵列需要有一个引导尺寸，所以创建孔特征的时候需要"径向"选项来放置。

操作步骤如下：

（1）～（3）同本书第7.5.2小节中（1）～（3）步骤；

（4）在阵列类型下拉列表中选择阵列类型为【尺寸】类型，如图7-44所示；

图7-44 【阵列】操控板

（5）在阵列操控板点击 选项 选项卡，在【重新生成选项】中选择"常规"，确定阵列类型；

（6）在操控板中单击 尺寸 选项卡，选取角度引导尺寸41.1°，输入角度增量值120；

(7) 单击"方向2"编辑区域内的【尺寸】栏里的" 单击此处添加项 ",然后选取径向引导尺寸 R65.28,在"方向2"的【增量】文本框中输入值 50。这样就确定好了引导尺寸并给出增量值,如图 7-45 所示;

(8) 在操控板第一方向的阵列个数栏里输入 3,在第二方向个数栏里输入 2,确定阵列个数;

(9) 单击完成图标按钮,完成尺寸引导的环形阵列的创建,如图 7-46 所示。

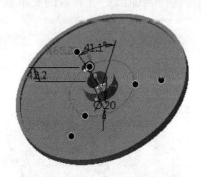 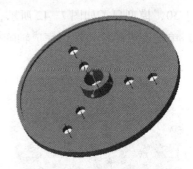

图 7-45　显示轴阵列　　　　　　图 7-46　创建的轴阵列特征

7.5.4　创建沿曲线阵列

曲线阵列是沿草绘曲线分布阵列特征,并可以定义阵列特征之间的距离或特征数量。

操作步骤如下:

(1) ~ (4) 同本书第 7.5.1 小节中 (1) ~ (4) 步骤;

(5) 在阵列类型下拉列表中选择阵列类型为【曲线】类型,打开曲线阵列操控板,如图 7-47 所示;

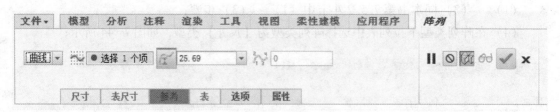

图 7-47　【曲线阵列】操控板

(6) 单击操控板上的【参考】按钮,弹出【参考】下拉菜单,单击【定义】按钮,弹出【草绘】对话框;

(7) 选择 TOP 基准平面为草绘平面,采用默认参照和方向设置,单击【草绘】按钮,进入草绘模式;

(8) 绘制阵列轨迹曲线,如图 7-48 所示;

(9) 单击【确定】图标按钮,退出草绘模式返回到操控板,结束曲线的绘制;

（10）单击操控板中的【输入成员间距】文本框中输入数值40，模型显示如图7-49所示；

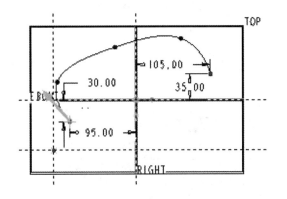

图7-48　阵列轨迹曲线

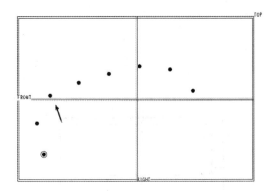

图7-49　阵列分布

（11）单击【确定】图标按钮，完成曲线阵列的创建，如图7-50所示。

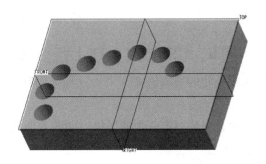

图7-50　创建的曲线阵列特征

7.5.5　创建填充阵列

填充阵列可以在选定区域的表面生成均匀的阵列特征，它主要是通过栅格定位的方式创建阵列特征来填充选定区域的。

操作步骤如下：

（1）～（4）同本书第7.5.1小节中（1）～（4）步骤；

（5）在阵列类型下拉列表中选择阵列类型为【填充】类型，打开【填充阵列】操控板，如图7-51所示；

（6）单击【参考】按钮，弹出【参考】下拉菜单，单击【定义】按钮，弹出【草绘】对话框；

（7）选择TOP基准平面为草绘平面，采用默认的参照和方向设置，单击【草绘】按钮，进入草绘模式；

（8）绘制如图7-52所示的矩形，然后单击【确定】图标按钮，模型显示如图7-53所示；

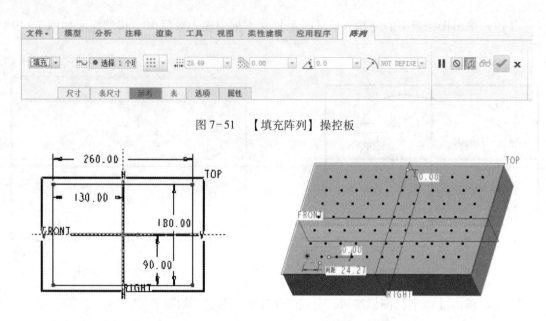

图 7-51 【填充阵列】操控板

图 7-52 草绘放置区域

图 7-53 显示矩形分布阵列

（9）单击操控板中下拉列表，在其中选择【菱形】 ⬚▾ 选项（系统默认为方形）。

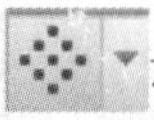

（10）在文本框中输入成员间的间隔值 40，其他选项采用默认设置，模型显示如图 7-54 所示。

（11）单击完成图标按钮，完成填充阵列的操作，如图 7-55 所示。

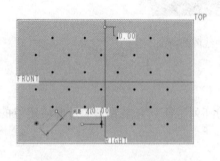

图 7-54 填充阵列显示

图 7-55 创建的填充阵列特征

7.5.6 操作及选项及说明

1. 创建尺寸阵列的特殊方式

操作步骤如下：

（1）～（4）同本书第 7.5.1 小节中（1）～（4）步骤；

（5）单击操控板上【1】后面的收集器，并在模型中选择距离尺寸 120，使其变为可编辑状态，输入修改值 -60，回车；

（6）继续选择模型中的距离尺寸 70，并修改新值为 -50，回车；

（7）在【1】后的文本框中输入阵列数值为4，回车，模型显示如图7-56所示；

（8）单击【确定】图标按钮，完成阵列操作，如图7-57所示。

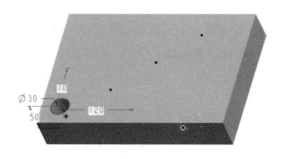 

图7-56 尺寸阵列显示   图7-57 特殊尺寸阵列

2. 单个取消阵列特征的方法

在进行阵列的过程中，如果在预显示图中单击模型上预显示的黑点，使其变成白色，则可以达到单个取消阵列特征的目的。如在上一例子中进行完（6）之后，模型变成图7-56所示。单击右上角的黑点，使其变成白色显示，如图7-58所示，则最终得到的结果如图7-59所示。

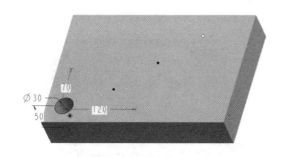 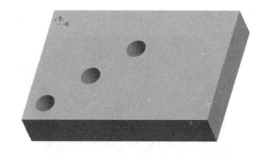

图7-58 单个取消阵列预览   图7-59 修改后的尺寸阵列

3. 删除阵列

在模型树中单击任一阵列特征，右击，在弹出的快捷菜单中选择【删除阵列】，阵列特征即可被删除。

4. 操控面板的【选项】选项卡说明

在阵列操控板的【选项】选项卡的下拉列表中，【重新生成选项】有以下几项：

（1）【相同】选择该选项时，阵列的特征与源特征的大小和尺寸相同，且创建的成员不能相交或打断零件的边。

（2）【可变】选择该选项时，阵列的特征与源特征的大小尺寸可以有所变化，但阵列的成员之间不能存在相交的现象，可以打断零件的边。

（3）【常规】该选项为默认设置。选择该选项时，阵列的特征和源特征可以不同，成员之间也可以相交或打断零件的边。

7.6　特征的成组与顺序调整

在阵列时，一次只能选取一个特征进行阵列，如果需要同时阵列多个特征，就应该预先把这些特征组成一个"组"。本节就简单介绍一下特征的成组。

7.6.1　特征的成组

调用命令的方式如下：

单击 模型 功能选项卡的 操作▼ 区域按钮，在弹出的下拉菜单中选择【组】。

操作步骤如下：

（1）创建"拉伸1"特征，如图7-60所示；

（2）创建"孔1"特征，如图7-61所示；

（3）创建"倒角1"特征，如图7-62所示；

（4）按住 Ctrl 键，在模型树中选择"拉伸1"、"孔1"和"倒角1"三个特征，如图7-63所示；

（5）单击 模型 功能选项卡的 操作▼ 区域按钮，在弹出的下拉菜单中选择【组】，此时选择的三个特征即被合并成组，完成组的创建，如图7-64所示。

图7-60　"拉伸1"特征

图7-61　"孔1"特征

图7-62　"倒角1"特征

图7-63　选择特征

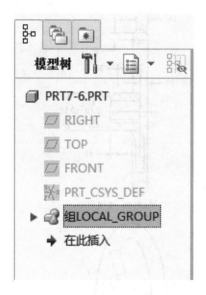
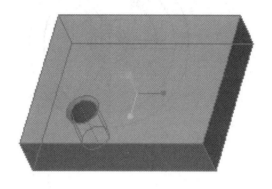

图 7-64　组特征

7.6.2　特征的顺序调整

特征的顺序调整，只需要在模型树中，单击需要调整的特征，按住鼠标左键不放，并拖动至需要调整到的位置，然后松开左键，特征的顺序就被调整了。

7.7　习题

1. 根据特征编辑操作的相关知识，创建如图 7-65 所示的纸篓模型。主要涉及的命令包括【旋转】命令【拉伸】命令和【阵列】命令。

2. 根据特征编辑操作的相关知识，创建如图 7-66 所示的零件模型。

图 7-65　纸篓模型　　　　　　　　　图 7-66　零件三维模型

3. 根据特征编辑操作的相关知识，创建如图 7-67 所示的零件模型。

4. 根据特征创建和编辑操作的相关知识，创建如图 7-68 所示的零件模型。

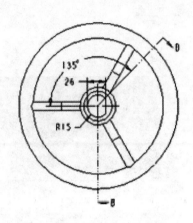

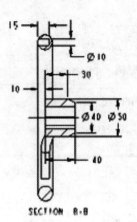

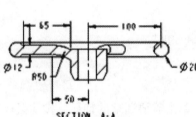

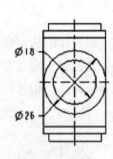

图 7-67

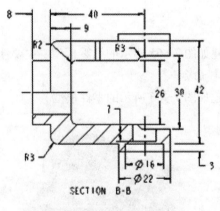

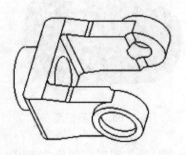

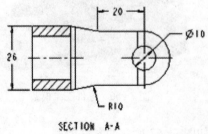

图 7-68

5. 根据特征创建和编辑操作的相关知识，创建如图 7-69 所示的零件模型。

6. 根据特征创建和编辑操作的相关知识，创建如图 7-70 所示的零件模型。

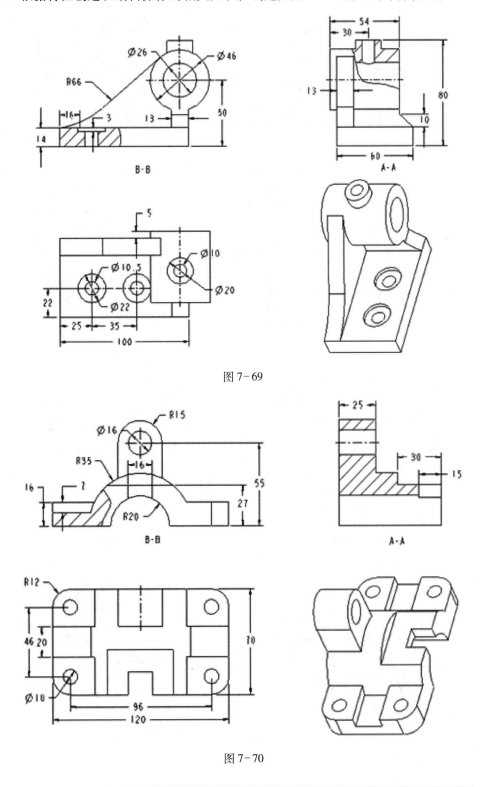

图 7-69

图 7-70

169

7. 根据特征创建和编辑操作的相关知识，创建如图 7-71 所示的零件模型。

8. 根据特征创建和编辑操作的相关知识，创建如图 7-72 所示的零件模型。

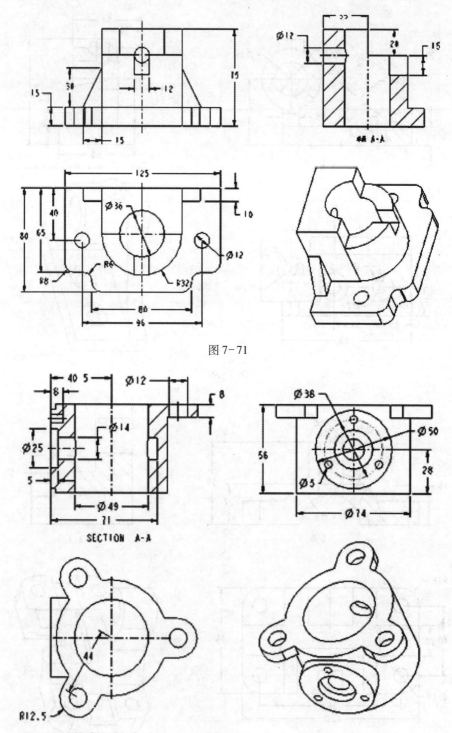

图 7-71

图 7-72

9. 根据特征创建和编辑操作的相关知识，创建如图 7-73 所示的零件模型。

10. 根据特征创建和编辑操作的相关知识，创建如图 7-74 所示的零件模型。

图 7-73

图 7-74

第8章 曲面特征建模

曲面是没有厚度的几何特征，主要用于生成复杂的零件表面。曲面组可以转化为实体。曲面可以通过拉伸、旋转、扫描、混合等方式来创建，也可以由基准曲线来创建。

本章将介绍的内容如下：

（1）以拉伸方式创建曲面。

（2）以旋转方式创建曲面。

（3）以扫描方式创建曲面。

（4）以混合方式创建曲面。

（5）以扫描混合方式创建曲面。

（6）以边界混合方式创建曲面。

（7）填充、修剪、延伸、偏移、复制、移动、阵列、镜像、合并等曲面编辑。

（8）曲面加厚。

（9）曲面实体化。

8.1 拉伸曲面特征的创建

拉伸曲面特征是指草绘的二维截面沿着草绘平面的垂直方向拉伸指定深度，而创建的曲面特征。其操作与拉伸实体特征相似。

调用命令的方式如下：

进入零件模式→单击 **模型** 功能选项卡形状▼区域中 图标→ 图标按钮。

拉伸

8.1.1 创建拉伸曲面特征

操作步骤如下：

（1）进入零件模式→单击【模型】功能选项卡→【拉伸】进入创建拉伸特征模式，单击【拉伸为曲面】图标按钮，进入拉伸曲面特征创建模式，如图8-1所示。

（2）单击【放置】按钮→单击【定义】按钮，如图8-2所示，进入草绘平面设置，弹出草绘平面设置对话框。选择 TOP 基准平面为草绘平面，RIGHT 平面为草绘的参考平面，方向为向右（系统默认）。如图8-3所示。单击【草绘】按钮，进入草绘二维截面。

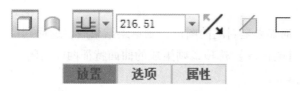

图8-1　拉伸曲面特征创建模式

图8-2　放置草绘平面面板　　　　　　　图8-3　草绘平面设置面板

（3）绘制拉伸曲面特征截面，如图8-4所示。单击【确定】按钮，返回到拉伸曲面面板。设置拉伸深度为100，单击【选项】按钮，在【深度】选项中选择侧1为【盲孔】，侧2为【无】，【封闭端】选项不勾选。（系统默认）如图8-5所示。单击【确定】按钮，完成拉伸曲面特征的创建，生成的拉伸曲面特征，如图8-6所示。

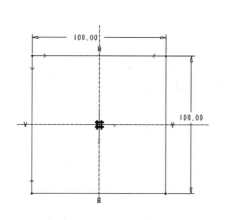

图8-4　拉伸曲面特征截面　　　　　　　图8-5　拉伸侧与深度设置

8.1.2　操作及选项说明

拉伸曲面特征与拉伸实体特征的操作相似，相关相同的选项含义相同或相似。

（1）草绘二维截面可以是封闭的图形，也可以是不封闭的图形。这些线条不能交叉和重叠。

（2）草绘二维截面如果是封闭的图形，则草绘结束后，返回到拉伸曲面面板中，单击【选项】按钮，选取【封闭端】选项，则生成的曲面特征两端封闭，如图8-7所示。

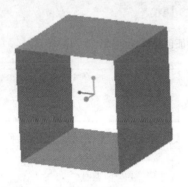

图8-6　拉伸曲面特征（不封闭端）　　　　图8-7　拉伸曲面特征（封闭端）

8.2　旋转曲面特征的创建

旋转曲面特征是指将草绘的二维截面围绕一条中心线旋转一定的角度而生成曲面特征的造型方法。其操作与旋转实体特征相似。

调用命令的方式如下：

进入零件模式→单击 **模型** 功能选项卡形状▼区域中 旋转 图标→ 图标按钮。

8.2.1　创建旋转曲面特征

操作步骤如下：

（1）进入零件模式→单击【模型】功能选项卡→【旋转】，进入创建旋转特征模式，单击【作为曲面旋转】图标按钮，进入旋转曲面特征创建模式，如图8-8所示。

图8-8　旋转曲面特征创建模式

（2）单击【放置】按钮，单击【定义】按钮，如图8-9所示，进入草绘平面设置，弹出草绘平面设置对话框。选择TOP基准平面为草绘平面，RIGHT平面为草绘的参考平面，

方向为向右（系统默认）。如图8-10所示。单击【草绘】按钮，进入草绘模式。

图 8-9　放置草绘平面对话框　　　　　　　　图 8-10　草绘平面设置面板

（3）绘制二维特征截面，（应含几何中心线即旋转的中心轴线）如图 8-11 所示。单击【确定】按钮，返回到旋转曲面面板。设置旋转角度为 360，单击【选项】按钮，在【角度】选项中选择侧 1 为【变量】，侧 2 为【无】（系统默认），如图 8-12 所示。单击【确定】按钮，完成旋转曲面特征的创建，生成旋转曲面特征，如图 8-13 所示。

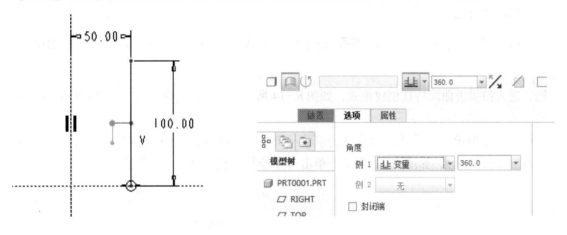

图 8-11　旋转曲面特征截面　　　　　　　　图 8-12　旋转侧与角度设置

图 8-13　旋转曲面特征

8.2.2 操作及选项说明

旋转曲面特征与旋转实体特征的操作相似，相关相同的选项含义相同或相似。

（1）草绘二维截面可以是封闭的图形，也可以是不封闭的图形。这些线条不能交叉和重叠，不能与旋转中心轴线有交叉。

（2）草绘二维截面应绘制几何中心线作为旋转中心轴线。

8.3 扫描曲面特征的创建

扫描曲面特征是指将草绘的二维截面沿着一条指定的直线或曲线路径运动而生成曲面特征的造型方法。其操作与扫描实体特征相似。

调用命令的方式如下：

进入零件模式→单击 **模型** 功能选项卡形状▼区域中 📎扫描 ▼图标→ 📖 图标按钮。

8.3.1 创建扫描曲面特征

操作步骤如下：

（1）进入零件模式→单击 **模型** 功能选项卡形状▼区域中 📎扫描 ▼图标→ 📖 图标按

钮，进入扫描进曲面特征创建模式，如图 8-14 所示。单击功能区右侧 按钮→图标

按钮。选择 TOP 基准平面作为轨迹的草绘平面，RIGHT 平面为草绘的参考平面，方向为向右（系统默认），如图 8-15 所示。单击【草绘】按钮，进入草绘模式；

图 8-14 扫描曲面特征创建模式　　　　图 8-15 草绘平面设置面板

（2）草绘扫描轨迹，如图8-16所示。单击【确定】图标按钮，退出草绘。单击【退出暂停模式，继续使用此工具】按钮，如图8-17所示。单击功能区中✎按钮，进行截面草图绘制；

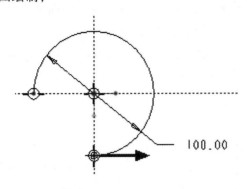

图8-16 扫描轨迹   图8-17 退出暂停模式

（3）在十字交叉线中心处（截面起始扫描位置）附近绘制截面图形，如图8-18所示。单击【确定】图标按钮，退出截面图形绘制。单击功能区中【确定】按钮，完成扫描曲面特征的绘制，生成扫描曲面特征，如图8-19所示。如果在（2）中选择【封闭端】，如图8-20所示，则生成的两端封闭扫描曲面特征，如图8-21所示。

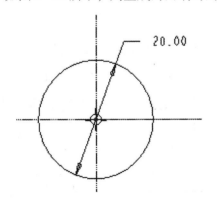

图8-18 截面图形   图8-19 【选项】对话框

图8-20 创建的扫描曲面特征   图8-21 创建的两端封闭的扫描曲面特征

8.3.2　操作及选项说明

（1）扫描曲面特征与扫描实体特征的操作相似，相关相同的选项含义相同或相似。

（2）如果轨迹线为不封闭的线条，则属性选项定义为：【开放端】曲面两端不封闭；【封闭端】曲面两端封闭，若选此选项，则截面必须绘制成封闭环。

（3）如果轨迹线为封闭的线条，则无上述的属性选项，且截面可以封闭或不封闭。

（4）扫描轨迹也可以在创建扫描曲面特征之前绘制。

8.4　混合曲面特征的创建

混合曲面特征是指根据指定的混合方式，创建连接多个特征截面而形成的平滑曲面。混合曲面可根据不同形状和大小的若干个截面按照一定的顺序连接而成的曲面。

其操作与混合实体特征相似。调用命令的方式如下：

进入零件模式→单击 **模型** 功能选项卡形状▾→在弹出菜单中选择 🗗 ｜ 混合 →单击 📖 图标按钮。

8.4.1　创建混合曲面特征

操作步骤如下：

（1）进入零件模式→单击 **模型** 功能选项卡形状▾→在弹出菜单中选择 🗗 ｜ 混合 ，进入创建混合曲面特征模式，如图 8-22 所示。确认 📖 和 🖉 图标按钮被按下。单击【混合】选项卡中【截面】按钮，如图 8-23 所示。单击【定义】，选择 TOP 基准平面作为轨迹的草绘平面，RIGHT 平面为草绘的参考平面，方向为向右（系统默认），如图 8-24 所示。单击【草绘】按钮，进入草绘模式；

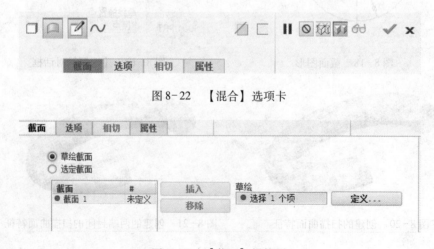

图 8-22　【混合】选项卡

图 8-23　【截面】操控板

（2）草绘第一截面图形，如图8-24所示。单击【确定】图标按钮，退出草绘。再次单击【混合】功能选项卡中【截面】按钮，如图8-25所示。在【截面】界面中定义"草绘平面位置定义方式"为"偏移尺寸"，偏移自"截面1"偏移距离值为30，单击【草绘】按钮，绘制第二截面，如图8-26所示，单击【确定】图标按钮，退出草绘；

图8-24　草绘平面设置面板

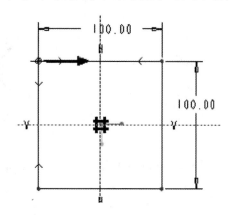

图8-25　第一截面图形

图8-26　【截面】操控板

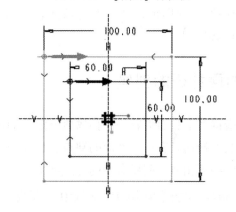

图8-27　第二截面图形

重复以上过程，再创建第三、第四截面时需要单击【插入】插入新的截面。绘制第三截面，形状同第二截面，最后绘制第四截面，形状同第一截面。其中截面3对截面2偏移距离值为40，截面4对截面3偏移距离为30。

（3）单击【选项】，在【选择】界面中"混合曲面"类型中选择【直】，如图8-28所示。单击【确定】按钮，生成混合曲面特征，如图8-29所示。如果在"混合曲面"类型中选择【平滑】，则生成的混合曲面特征，如图8-30所示。

图8-28　【选项】界面

图8-29　创建的混合
曲面特征（一）

图8-30　创建的混合
曲面特征（二）

8.4.2　操作及选项说明

（1）混合曲面特征与混合实体特征的操作相似，相关相同的选项含义相同或相似。

（2）【开放端】曲面两端不封闭，【封闭端】曲面两端封闭。

（3）用于生成混合曲面特征的各截面曲线的段数必须相等（即图形中节点数必须完全相同），如果不相等无法生成混合曲面。

（4）如果要改变某截面的起始点，可以将鼠标移至新的端点处，右击，选择【起点】选项，则该端点成为截面新的起始点。

（5）若在【混合选项】菜单中选择【旋转的】或【一般】则可以分别创建旋转混合曲面和一般混合曲面，在这里不再赘述。

（6）如需修改某一图层的几何图形，则单击【截面】，选择对应的截面，单击【草绘】，即可对当前截面进行编辑。

8.5　扫描混合曲面特征的创建

扫描混合曲面特征是指将多个截面沿着一个扫描轨迹混合而成的曲面特征。它融合了扫描与混合两个功能，克服了扫描只有一个截面的缺点，也克服了混合无轨迹的缺点。

其操作与扫描混合实体特征相似。调用命令的方式如下：

进入零件模式→单击 **模型** 功能选项卡形状▼区域中 扫描混合 图标→ 图标按钮。

8.5.1　创建扫描混合曲面特征

操作步骤如下：

（1）进入零件模式→单击 **模型** 功能选项卡形状▼区域中 📎扫描混合 图标，进入创建

扫描混合曲面特征模式，如图8-31所示。单击功能区右侧 〰 按钮→〰图标按钮。选择
　　　　　　　　　　　　　　　　　　　　　　基准
TOP基准平面作为轨迹的草绘平面，RIGHT平面为草绘的参考平面，方向为向右（系统
默认），如图8-32所示。单击【草绘】按钮，进入草绘模式；

（2）绘制扫描轨迹，如图8-33所示。单击【确定】图标按钮，退出草绘模式；

图8-31　【扫描混合】操控板

图8-32　草绘平面设置面板

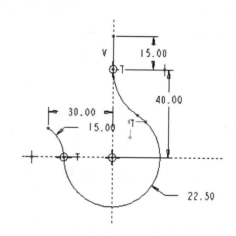

图8-33　扫描轨迹

（3）单击功能区右侧 〰 按钮→⁂▼按钮，弹出【基准点】对话框，如图8-34所示。
　　　　　　　　　　基准
在轨迹曲线上依次选择5个基准点，如图8-35所示。单击【确定】，结束基准点的创建；

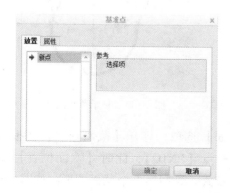

图8-34　【基准点】对话框

图8-35　【退出暂停模式】按钮

(4) 单击【暂退出暂停模式】按钮，如图8-36所示。进入扫描混合模式。单击【扫描混合】操控板上的【创建曲面】选项，进入创建扫描混合曲面模式。单击【参考】选项，如图8-37所示，选择上一步新建的草绘曲线为轨迹，并设置扫描混合的起始方向，如图8-38所示；

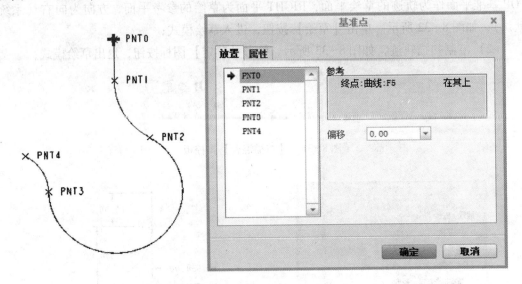

图8-36　【基准点】对话框

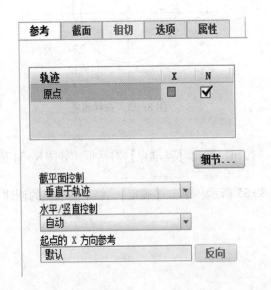

图8-37　【参考】对话框

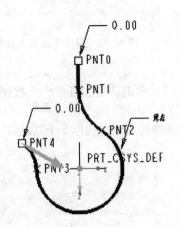

图8-38　显示草绘曲线起始方向

(5) 单击【扫描混合】操控板上的【截面】选项，打开【截面选项】面板，如图8-39所示。选择【草绘截面】，单击轨迹上的点【PNTO】，此时【截面位置】显示为【开始】，单击【草绘】，进入草绘第1个截面模式。绘制第1个截面图形，如图8-40所示。单击【确定】图标按钮，退出第1个截面的绘制；

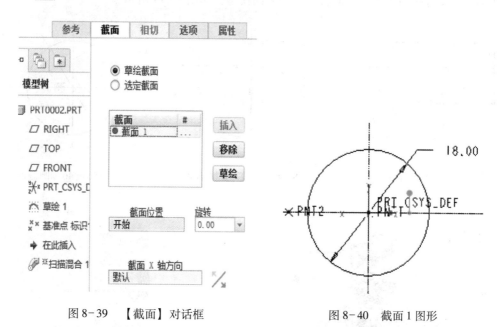

图 8-39 【截面】对话框   图 8-40 截面 1 图形

（6）单击【截面选项】面板中的【插入】按钮，插入【截面2】，如图 8-41 所示。点选【PNT1】作为截面 2 的位置，单击【草绘】按钮，进入草绘模式。绘制截面 2 图形，如图 8-42 所示。单击【确定】图标按钮，结束并退出第 2 个截面的绘制。模型显示如图 8-43 所示；

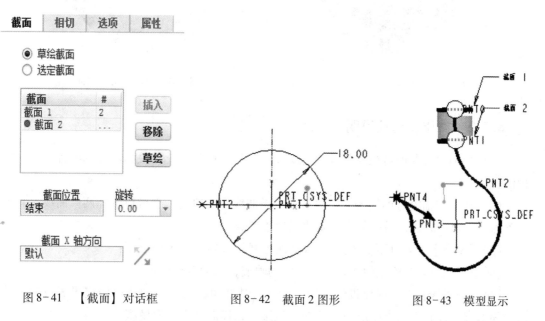

图 8-41 【截面】对话框   图 8-42 截面 2 图形   图 8-43 模型显示

（7）重复以上步骤（5），分别逐步选取基准点 PNT2、PNT3、PNT4，绘制如图 8-44、

图8-45和图8-46所示截面图形。完成最后一个截面绘制后，模型显示如图8-47所示，单击【确定】图标按钮生成扫描混合的吊钩曲面模型，如图8-48所示。

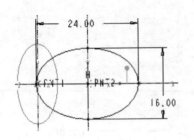

图8-44 PNT2处椭圆截面

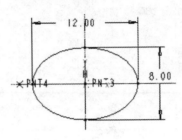

图8-45 PNT3处椭圆截面

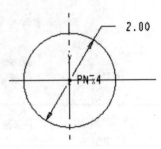

图8-46 圆截面

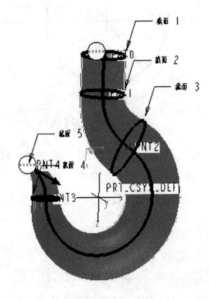

图8-47 完成最后一个截面模型显示

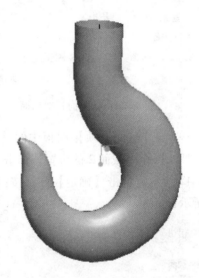

图8-48 创建的吊钩曲面

8.5.2 操作及选项说明

（1）扫描混合曲面特征与扫描混合实体特征的操作相似，相关相同的选项含义相同或相似；

（2）选择扫描混合的轨迹时可以选择一条曲线作为轨迹，也可以选择两条曲线，其中一条为原点轨迹曲线，另一条为控制曲线轨迹参照；

（3）【参考】选项下拉面板中【截平面控制】选项中有3种选项：

【垂直于轨迹】草绘截面将垂直于指定的轨迹，此为默认设置；

【垂直于投影】需要选择投影参照，例如，基准面，直线，轴等以确定投影方向，然后截面垂直于按此方向参照所投影的曲线轨迹，扫描混合出曲面模型；

【恒定法向】类似于【垂直于投影】，也是需选择基准平面等参照，然后截面沿平行于该选择的参考平面垂直方向扫描混合出曲面；

（4）【参考】选项下拉面板中可以设置【开始截面】或【终止截面】的边界约束条件，如图8-49所示。【自由】指扫描混合曲面边界没有任何边界约束条件，是系统直接生成的默认状态，此种边界创建方便，在连接处容易出现接痕；【相切】指在扫描混合曲面边界添加相切约束条件，可以指定相切参照曲面，创建边界相切特征；【垂直】指添加扫描混合曲面边界相关基准平面等的垂直关系，可以约束垂直创建出平滑垂直的曲面连接特征；

图8-49 【相切】对话框   图8-50 【选项】对话框

（5）【选项】下拉面板中可以设置【封闭端】、【无混合控制】、【设置周长控制】、【设置横截面面积控制】选项以控制扫描混合曲面特征的生成，如图8-50所示。在这里不再赘述。

8.6 边界混合曲面特征的创建

边界混合曲面特征是指利用指定的曲线作为曲面边界的约束线，混合而成的曲面特征。调用命令的方式如下：

进入零件模式→单击 **模型** 功能选项卡 曲面▼ 区域中  图标→ 🔲 图标按钮。

8.6.1 创建边界混合曲面特征

操作步骤如下：

（1）进入零件模式→单击 **模型** 功能选项卡 曲面▼ 区域中 图标，进入创建边界混合曲面特征模式，弹出【边界混合】操控板，确保 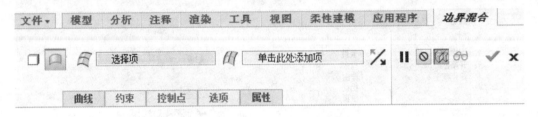 图标被按下，如图8-51所示。单

击功能区右侧 〜〜 按钮→图标按钮。选择TOP基准平面作为轨迹的草绘平面，RIGHT
基准

平面为草绘的参考平面，方向为向右，如图8-52所示，单击【草绘】按钮，进入草绘
模式；

（2）绘制第一方向边界曲线，如图8-53所示。单击【确定】按钮，退出草绘模式；

| 文件 | 模型 | 分析 | 注释 | 渲染 | 工具 | 视图 | 柔性建模 | 应用程序 | 边界混合 |

| □ | 🖻 | ⬚ | 选择项 | | ⬚ | 单击此处添加项 | % | ‖ | ⊘ | 🚫 | 🔏 | 66 | ✔ | ✖ |

| 曲线 | 约束 | 控制点 | 选项 | 属性 |

图8-51　【边界混合】操控板

图8-52　【草绘】对话框

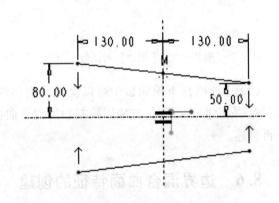

图8-53　第一方向边界曲线

（3）单击功能区右侧 〜〜 按钮→ ▱ 图标按钮，选择RIGHT平面和（2）中绘制的两
基准

直线的小端的端点为参照，单击【确定】按钮，创建杯底所在平面【DTM1】基准面，如
图8-54所示。同样的方法，创建杯口所在的平面【DTM2】基准面，如图8-55所示；

（4）单击功能区右侧 〜〜 按钮→图标按钮，选择平面【DTM1】为草绘平面，如图
基准

8-56所示。单击【草绘】按钮，进入杯底边缘曲线绘制界面，过小端两点绘制半圆，如
图8-57所示，单击【确定】图标按钮，退出草绘模式；

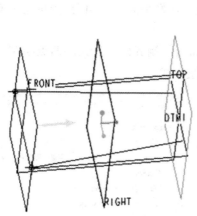
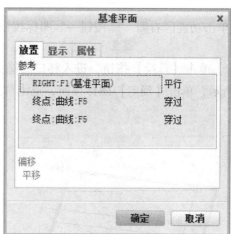

图 8-54　创建【DTM1】基准面

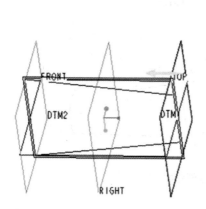

图 8-55　创建【DTM2】基准面

图 8-56　【草绘】对话框

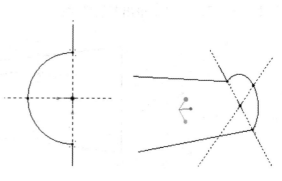

图 8-57　过小端两点创建的半圆

（5）单击功能区右侧 ∿ 按钮→ ~ 图标按钮，选择平面【DTM2】为草绘平面，如图
　　　　　　　　基准

8-58所示。单击【草绘】按钮，进入杯口边缘曲线绘制界面，过大端两点绘制半圆，如
图8-59所示，单击【确定】图标按钮，退出草绘模式；

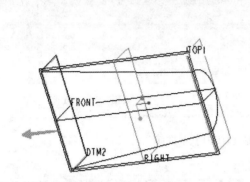

图8-58　【草绘】对话框

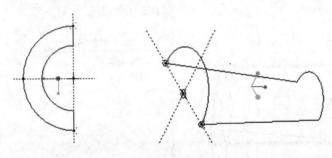

图8-59　过大端两点创建的半圆

（6）单击功能区右侧 ∿ 按钮→ ~ 图标按钮，选择平面【TOP】为草绘平面，单击
　　　　　　　　基准

【草绘】按钮，进入杯底凹进边缘曲线绘制界面，过小端两点绘制圆弧，如图8-60所示，
单击【确定】图标按钮，退出草绘模式；

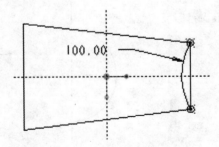

图8-60　过小端两点创建圆弧

（7）单击功能区右侧 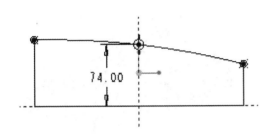 按钮→ 图标按钮，选择【FRONT】平面为草绘平面，单击【草绘】按钮，进入杯子侧边缘曲线绘制界面，绘制与两半圆相交的样条曲线，如图8-61所示，单击【确定】图标按钮，退出草绘模式，最终形成的边界曲线，如图8-62所示。

图 8-61　创建的样条曲线

图 8-62　创建的边界曲线

（8）单击【退出暂停模式】按钮，如图8-63所示。进入边界混合模式。单击【曲线】选项，打开【第一方向】、【第二方向】下拉菜单，点选【第一方向】中的【选择项】→按住【Ctrl】键，依次点选3条侧边界曲线，如图8-64所示。然后，点选【第二方向】中的【选择项】→按住【Ctrl】键，依次点选2条杯口与杯底边界曲线，如图8-65所示 。单击【确定】图标按钮，生成杯子侧面的边界混合曲面，如图8-66所示。

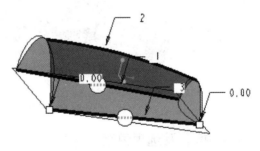

图 8-63　【退出暂停模式】按钮

图 8-64　选取 3 条侧边界曲线

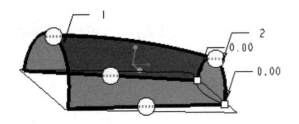

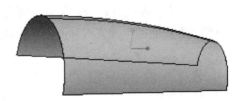

图 8-65　选取 2 条杯口与杯底边界曲线

图 8-66　杯子侧面边界混合曲面

（9）单击 **模型** 功能选项卡 曲面▾ 区域中 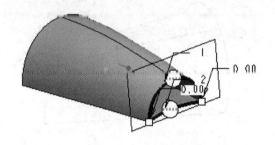 图标，进入创建边界混合曲面特征模式，单击【曲线】选项，打开【第一方向】、【第二方向】下拉菜单，点选【第一方向】中的【选择项】→按住【Ctrl】键，依次点选 2 条杯子底边界曲线，如图 8-67 所示。单击【确定】图标按钮，生成杯子底面的边界混合曲面，如图 8-68 所示；

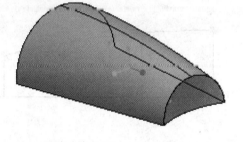

图 8-67　选取 2 条杯子底边界曲线　　　　　图 8-68　杯子底面的边界混合曲面

（10）按住【Ctrl】键，选取左侧模型树中的这两个【边界混合 1】与【边界混合 2】，单击【镜像】图标，选择【TOP】平面作为对称平面，单击【确定】图标按钮，生成整个杯子的曲面模型，如图 8-69 所示。

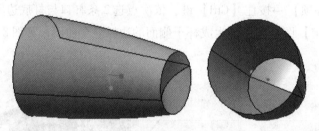

图 8-69　创建整个杯子曲面

8.6.2　操作及选项说明

边界混合曲面特征有关操作选项和注意事项如下：

（1）选择边界混合的边界曲线时可以选择 2 个方向的边界曲线，也可以只选择 1 个方向的边界曲线。

（2）【边界混合】操控板中，还有【约束】、【控制点】、【选项】等选项，用于控制边界混合曲面的生成方式和曲面生成质量，在这里不再赘述。

8.7　曲面编辑

设计曲面过程中，可根据需要对曲面进行编辑，曲面编辑的方法主要包括：填充、修剪、延伸、偏移、复制、移动、阵列、镜像、合并、加厚及实体化等。

8.7.1 曲面填充

曲面填充是指以平面曲线作为生成曲面的边界线，将边界线内部填入材料而成平面型填充曲面。调用命令的方式如下：

进入零件模式→单击 **模型** 功能选项卡 **曲面▼** 区域中 填充图标按钮。

1. 创建填充曲面

操作步骤如下：

（1）进入零件模式→单击 **模型** 功能选项卡 **曲面▼** 区域中 填充图标按钮，进入创建填充曲面模式，弹出【填充】操控板，如图 8‑70 所示。单击功能区右侧 按钮→ 图标按钮，弹出【草绘平面】对话框，选择 TOP 基准平面为轨迹草绘平面，RIGHT 基准平面为参考平面，方向为【右】，单击【草绘】按钮，进入草绘模式；

图 8‑70 【填充】操控板

（2）用样条曲线绘制边界曲线，如图 8‑71 所示。单击【确定】按钮，退出草绘模式；

（3）单击【退出暂停模式】按钮，单击【确定】按钮生成填充曲面，如图 8‑72 所示。

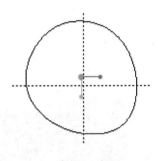

图 8‑71 样条曲线

图 8‑72 创建的填充曲面

2. 操作及选项说明

填充曲面特征有关操作选项和注意事项如下：

（1）选择填充的边界曲线必须封闭；

（2）选择填充的边界曲线可以在执行【填充】命令之中新绘制，也可以提前绘制。

8.7.2 曲面修剪

曲面修剪是指利用曲线、曲面或平面做为修剪边界，修剪已有曲面而形成新的曲面。调用命令的方式如下：

进入零件模式→选中要修剪的曲面→单击 **模型** 功能选项卡 编辑▼ 区域中 修剪图标按钮。

1 创建曲面修剪

操作步骤如下：

（1）创建曲面模型，如图 8-73 所示。选取要修剪的曲面，单击 **模型** 功能选项卡 编辑▼ 区域中 修剪图标按钮，进入曲面修剪模式。弹出【曲面修剪】操控板，如图 8-74 所示；

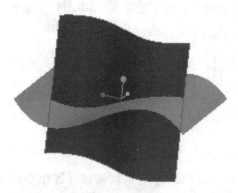

图 8-73　曲面模型　　　　　　　　　　　图 8-74　【曲面修剪】操控板

（2）点选作为参考的曲面，如图 8-75 所示。出现【粉色箭头】为要保留侧的方向，可以点击此箭头改变方向。单击【确定】图标按钮，生成修剪之后的曲面，如图 8-76 所示。

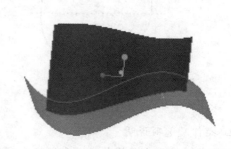

图 8-75　选取参照曲面　　　　　　　　　　图 8-76　生成修剪后的曲面

2. 操作及选项说明

曲面修剪有关操作选项和注意事项如下：

（1）可以选择【修剪】操控板中的【选项】中的【保留修剪曲面】选项来控制是否保留修剪曲面。

（2）参考曲面可以是系统自带的基准平面，也可以是用户自己创建的平面和曲面。

8.7.3 曲面延伸

曲面延伸是指将曲面延伸一定的距离或延伸到某个指定的面，新延伸的部分与原曲面可以相同也可以不同，此外使用【延伸】命令还可以执行裁剪曲面功能。调用命令的方式如下：

进入零件模式→选取曲面要延伸的一边→单击 **模型** 功能选项卡 编辑▾ 区域中 ⬚延伸 图标按钮。

1. 创建曲面延伸

操作步骤如下：

（1）创建曲面模型，如图8-77所示。选取曲面要延伸的一边，如图8-78所示。单击 **模型** 功能选项卡 编辑▾ 区域中 ⬚延伸 图标按钮，进入曲面延伸模式。弹出【延伸】操控板，如图8-79所示。此时延伸模式为系统默认的【沿原始曲面延伸曲面】；

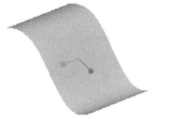

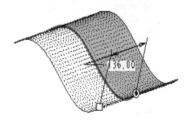

图8-77 曲面模型　　　图8-78 选取曲面和一边线　　　图8-79 显示延伸曲面

（2）输入延伸距离136，如图8-80所示。单击【确定】图标按钮，生成延伸之后的曲面，如图8-81所示。

图8-80 【延伸】操控板　　　图8-81 生成延伸后的曲面

2. 操作及选项说明

延伸曲面有关操作选项和注意事项如下：

（1）可以选择【延伸】操控板中的【沿原始曲面延伸曲面】和【将曲面延伸到参考平面】图标来控制两种延伸曲面的方式。

（2）可以选择【延伸】操控板中的【选项】的下拉菜单中的选项来控制延伸方式。

8.7.4　曲面偏移

曲面偏移是指将一个指定的曲面或一条曲线在指定的方向上偏移一定的距离来创建新的曲面和曲线，偏移后的曲面常用于创建几何体或阵列几何体。偏移后的曲线常用于构建生成曲面的曲线。调用命令的方式如下：

进入零件模式→选取要偏移的曲面→单击 **模型** 功能选项卡 编辑▼ 区域中 偏移 图标按钮。

1　创建曲面偏移

操作步骤如下：

（1）创建零件模型，并选取要偏移的曲面，如图8-82所示。单击 **模型** 功能选项卡 编辑▼ 区域中 偏移 图标按钮，进入曲面偏移模式，弹出【偏移】操控板，如图8-83所示。此时偏移模式为系统默认的【标准偏移特征】；

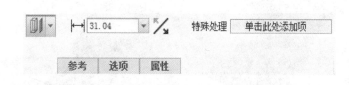

图8-82　零件模型　　　　　　　　　　　　图8-83　【偏移】操控板

（2）输入偏移距离50，如图8-84所示。单击【确定】图标按钮，生成偏移之后的曲面，如图8-85所示。

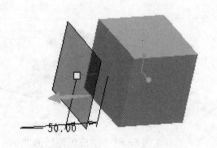

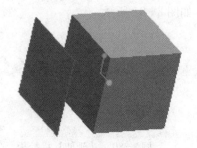

图8-84　显示曲面偏移　　　　　　　　　　图8-85　生成偏移的曲面

2. 操作及选项说明

偏移曲面有关操作选项和注意事项如下：

（1）可以选择【偏移】操控板中的【标准偏移特征】、【具有拔模特征】、【展开特征】或【替换曲面特征】图标来控制 4 种偏移曲面的方式。

（2）可以选择【偏移】操控板中【选项】的下拉菜单中的【垂直于曲面】、【自动拟合】、【控制拟合】选项来控制偏移曲面。

8.7.5　曲面复制与移动

曲面复制是指对指定的曲面按照指定的方式进行复制。调用命令的方式如下：

进入零件模式→单击 **模型** 功能选项卡 操作▼ 区域中 📋复制→ 📋粘贴▼图标按钮。

1. 创建曲面复制

操作步骤如下：

【粘贴】方式复制：

创建曲面模型，选中要复制的曲面（竖放的曲面），如图 8-86 所示。单击 **模型** 功能选项卡 操作▼ 区域中 📋复制→ 📋粘贴▼图标按钮，弹出【曲面：复制】操控板，如图 8-87 所示。单击【选项】，展开下拉菜单，选择【按原样复制所有曲面】，如图 8-88 所示。单击【确定】图标按钮，生成与原曲面相同的曲面（位置也重合）。

图 8-86　曲面模型

图 8-87　【曲面：复制】操控板

图 8-88　【选项】对话框

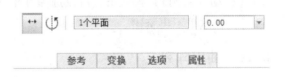

图 8-89　【移动（复制）】操控板

【选择性粘贴】方式复制：

创建曲面模型，选中要复制的曲面（竖放的曲面），如图 8-89 所示。单击 **模型** 功能选项卡 操作▼ 区域中 📋复制→ 📋粘贴▼→ 📋选择性粘贴 图标按钮，弹出【移动（复制）】操控板，如图 8-90 所示。选择【沿选定参考平移特征】图标，选择一条边作为平移参照，如图 8-91 所示。单击【变换】选项，选择【移动】选项，输入移动距离 50，如

图8-92所示。单击【确定】图标按钮，生成平移复制曲面，如图8-93所示。此方式的复制即为移动方式的复制。

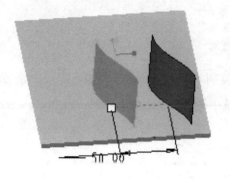

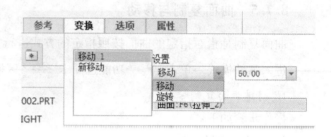

图8-90　选取一条边为平移参照　　　　图8-91　【变换】对话框

图8-92　生成平移复制曲面

2. 操作及选项说明

复制曲面有关操作选项和注意事项如下：

（1）【曲面：复制】模式下，可以选择【粘贴复制】操控板中的【选项】下拉菜单中的【按原样复制所有曲面】、【排除曲面并填充孔】、【复制内部边界】、【取消修剪包络】或【取消修剪定义域】5种复制曲面的方式。

（2）【移动（复制）】模式下，可以选择【沿选定参考平移特征】和【相对选定参考旋转特征】，在这里不再赘述。

8.7.6　曲面阵列

曲面阵列是指对指定的曲面按照指定的方式进行产生多个复制子特征，阵列完成后，原特征与复制特征变成一个整体，用户可将这些特征做为一个特征进行操作。

曲面阵列与实体特征阵列相似，调用命令的方式如下：

进入零件模式→选取要阵列的曲面特征→单击 **模型** 功能选项卡 编辑▼ 区域中

图标按钮。

1. 创建曲面阵列

操作步骤如下:

（1）创建曲面模型，选中要阵列的曲面（竖放的曲面），如图 8-93 所示。单击

模型 功能选项卡 编辑 ▾ 区域中 [阵列图标] 图标按钮，弹出【阵列】操控板，如图 8-94 所示；

图 8-93 曲面模型   图 8-94 【方向】下拉菜单

（2）单击【设置阵列类型】右侧的【下三角】，展开下拉菜单，选择【方向】，如图 8-95 所示。第一方向选择底面正方形水平边，设置阵列数目为 3，间距为 50，第二方向选择竖边，设置阵列数目为 3，间距为 40，如图 8-96 所示。单击【确定】图标按钮，生成了两个方向的阵列曲面，如图 8-97 所示。

图 8-95 【阵列】操控板

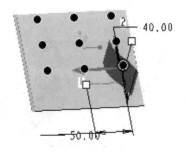

图 8-96 显示阵列   图 8-97 生成的阵列曲面

2. 操作及选项说明

阵列曲面与阵列实体特征操作相似，在这里不再赘述。

8.7.7 曲面镜像

曲面镜像是指为指定的曲面产生关于指定平面镜像对称的复制子特征，镜像完成后，原特征与复制特征变成一个整体，用户可将这些特征做为一个特征进行操作。

曲面镜像与实体特征镜像相似，调用命令的方式如下：

进入零件模式→选取要镜像的曲面特征→单击 **模型** 功能选项卡 编辑▾ 区域中 ▯▯镜像 图标按钮。

1. 创建曲面镜像

操作步骤如下：

（1）创建曲面模型，选中要镜像的曲面（竖放的曲面），如图 8-98 所示。单击 **模型** 功能选项卡 编辑▾ 区域中 ▯▯镜像 图标按钮，弹出【镜像】操控板，如图 8-99 所示；

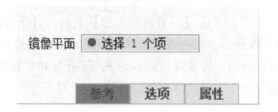

图 8-98　曲面模型　　　　　　　　　　图 8-99　【镜像】操控板

（2）选择【TOP】平面作为对称平面，如图 8-100 所示。单击【确定】图标按钮，生成镜像曲面，如图 8-101 所示。

2. 操作及选项说明

镜像曲面与镜像实体特征操作相似，在这里不再赘述。

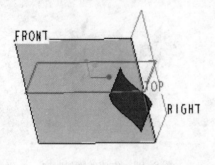

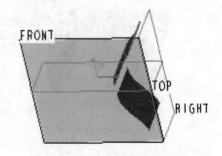

图 8-100　选取对称面　　　　　　　　图 8-101　生成镜像曲面

8.7.8 曲面合并

曲面合并是指将两个指定的曲面合并为一张曲面特征，合并完成后，原特征与复制特征变成一个整体，用户可将这些特征作为一个特征进行操作。

曲面合并与实体特征合并相似，调用命令的方式如下：

进入零件模式→选取要合并的曲面特征→单击 **模型** 功能选项卡 编辑▾ 区域中⌓合并图标按钮。

1. 创建曲面合并

操作步骤如下：

（1）创建曲面模型，选中两个要合并的曲面，如图 8-102 所示，执单击 **模型** 功能选项卡 编辑▾ 区域中⌓合并图标按钮，弹出【合并】操控板，如图 8-103 所示；

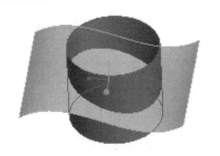

图 8-102　曲面模型　　　　　图 8-103　【合并】操控板

（2）单击【方向选择箭头】，分别选取两个曲面要保留的侧，如图 8-104 所示。单击【确定】图标按钮，生成合并曲面，如图 8-105 所示。

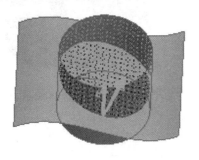

图 8-104　选取要保留的侧　　　　　图 8-105　生成的合并曲面

2. 操作及选项说明

合并曲面与合并实体特征操作相似，有关操作选项和注意事项如下：

【合并】操控板中的【选项】下拉菜单中有【相交】和【连接】两种选项用于控制曲面合并的方式，在此不再赘述。

8.7.9　曲面加厚

曲面加厚是指将指定的曲面加厚为实体特征。

曲面加厚调用命令的方式如下：

进入零件模式→选取要加厚的曲面特征→单击 **模型** 功能选项卡 编辑▾ 区域中 ☐加厚 图标按钮。

1. 创建曲面加厚特征

操作步骤如下:

（1）创建曲面模型，选中要加厚的曲面，如图 8-106 所示。单击 **模型** 功能选项卡 编辑▾ 区域中 ☐加厚 图标按钮，弹出【加厚】操控板，如图 8-107 所示；

图 8-106　曲面模型　　　　　　　图 8-107　【加厚】操控板

（2）输入加厚值 10，单击【方向选择箭头】，选取要加厚的方向，如图 8-108 所示。单击【确定】图标按钮，生成加厚曲面特征，如图 8-109 所示；

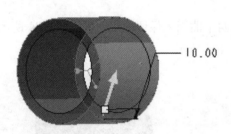

图 8-108　选取要加厚的方向　　　　　图 8-109　生成的加厚曲面特征

2. 操作及选项说明

加厚曲面有关操作选项和注意事项如下：

【加厚】操控板中的【选项】下拉菜单中有【垂直于曲面】、【自动拟合】和【控制拟合】3 种选项用于控制曲面加厚的方式，如图 8-110 所示。在此不再赘述。

8.7.10　曲面实体化

曲面实体化是指将指定的曲面转化为实体特征。

曲面实体化调用命令的方式如下：

进入零件模式→选取要实体化的曲面特征→单击 **模型** 功能选项卡 编辑▾ 区域中 ☐实体化 图标按钮。

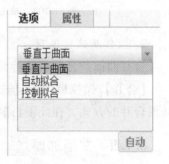

图 8-110　【选项】下拉菜单

1. 创建曲面实体化特征

操作步骤如下：

（1）创建曲面模型，选中要实体化的曲面（实体化之前需要将用于实体化的封闭曲面合并为一个整体曲面），如图 8-111 所示；

图 8-111 曲面模型

（2）选中合并后的封闭曲面，单击 **模型** 功能选项卡 **编辑▾** 区域中 ⍜ **实体化** 图标按钮，弹出【实体化】操控板，如图 8-112 所示。单击【确定】图标按钮，生成实体特征，如图 8-113 所示。

图 8-112 生成的实体特征　　　　图 8-113 【实体化】操控板

2. 操作及选项说明

实体化曲面有关操作选项和注意事项如下：

（1）实体化之前需要将用于实体化的封闭曲面合并为一个整体曲面。

（2）用于实体化的曲面应封闭。

8.8 曲面操作范例

本范例将构造一个鼠标外壳模型，如图 8-114 所示。

图 8-114 鼠标外壳模型

操作步骤如下：

1. 创建边界混合曲面的边界线

（1）打开 Creo3.0→设置工作目录→新建一个零件模型，进入零件模式。

（2）在【模型】功能选项卡【基准】区域中单击【草绘】图标，选择【TOP】平面作为草绘平面，默认参考平面，单击【草绘】，进入草绘模式。草绘鼠标的前后边界线（半径为 R35 的圆弧为鼠标的前方），如图 8-115 所示。单击【确定】图标按钮，退出草绘模式。

（3）在右侧工具栏中单击【平面】图标，选择【FRONT】平面作为平移参考平面，输入平移距离 30，创建基准平面 DTM1，如图 8-116 所示。

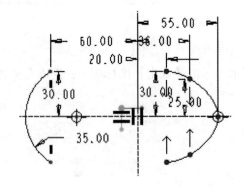 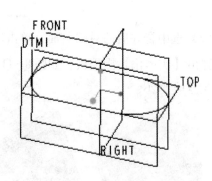

图 8-115　鼠标的前后边界线　　　　图 8-116　创建基准平面 DTM1

（4）在右侧工具栏中单击【草绘】图标，选择【平面】DTM1 作为草绘平面，默认参考平面，单击【草绘】，进入草绘模式。草绘鼠标的左侧边界线，如图 8-117 所示。单击【确定】图标按钮，退出草绘模式。

（5）选取创建的鼠标左侧边界线，在【编辑】区域中单击【镜像】图标，选择【FRONT】平面作为对称平面，单击【确定】图标按钮，镜像出鼠标右侧的边界线，如图 8-118 所示。

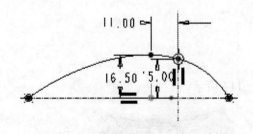 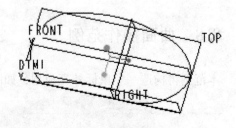

图 8-117　鼠标的左侧边界线　　　　图 8-118　镜像出鼠标右侧的边界线

（6）在【基准】区域中单击【基准点】图标，选择【RIGHT】平面和鼠标的左侧边界线作为参照。创建基准点 PNT0，单击【新点】，选择【RIGHT】平面和鼠标的右侧边界线作为参照，创建基准点 PNT1，如图 8-119 所示。单击【确定】，退出基准点的创建。

（7）在【基准】区域中单击【草绘】图标，选择【RIGHT】平面作为草绘平面，默认参考平面。单击【草绘】，进入草绘模式。草绘鼠标的顶部边界线，如图8-120所示。单击【确定】图标按钮，退出草绘模式。

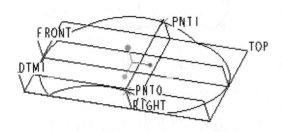

图8-119　创建基准点PNT0和PNT1

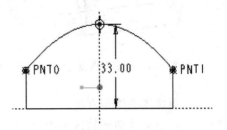

图8-120　鼠标的顶部边界线

（8）在右侧工具栏中单击【基准点】图标，创建【FRONT】平面与鼠标的前、顶部和后侧边界线交点的基准点PNT2、PNT3、PNT4，如图8-121所示。单击【确定】，退出基准点的创建。

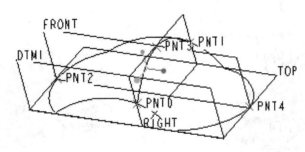

图8-121　创建基准点基准点PNT2、PNT3和PNT4

（9）在【基准】区域下拉菜单中单击【基准曲线】图标，弹出【曲线：通过点】操控板，如图8-122所示。单击【放置】，如图8-123所示。依次选择基准点PNT2、PNT3、PNT4，如图8-124所示。单击【确定】图标按钮，生成鼠标顶部纵向边界线，如图8-125所示。

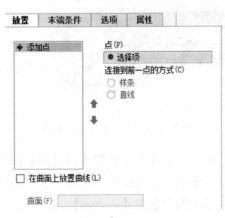

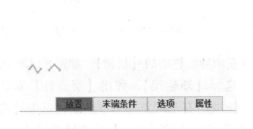

图8-122　【曲线：通过点】操控板

图8-123　【放置】菜单

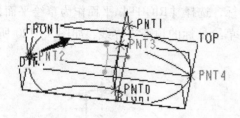

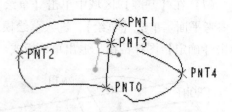

图 8-124　选取基准点 PNT2、PNT3 和 PNT4　　　图 8-125　生成鼠标顶部纵向边界线

2. 创建边界混合曲面

（1）单击【曲面】区域中【边界混合】图标，进入创建边界混合曲面特征模式。弹出【边界混合】操控板，单击【曲线】，单击【第一方向】中【选择项】，按住【Ctrl】键，依次选择鼠标的左侧、顶部纵向、右侧边界线，如图 8-126 所示。单击【第二方向】中【选择项】，按住【Ctrl】键，依次选择鼠标的前侧、顶部横向、后侧边界线，如图 8-127 所示。单击【确定】图标按钮，生成鼠标上盖边界混合曲面，如图 8-128 所示。

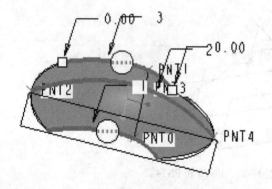

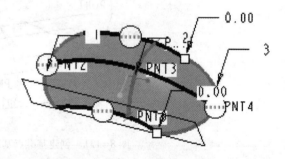

图 8-126　选取左侧、右侧和顶部纵向边界线　　　图 8-127　选取前方、后方和顶部横向边界线

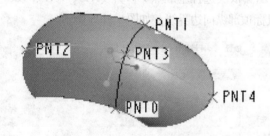

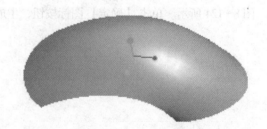

图 8-128　生成鼠标上盖曲面　　　　　　　　图 8-129　鼠标上盖模型

（2）单击上方工具栏中的【层】图标，打开左侧导航栏中的【层树】，如图 8-129 所示。在导航栏空白区单击右键，弹出右键菜单，选择【新建层】，弹出【层属性】对话框，输入新层名称【shubiao】，按住【Ctrl】键，选取所有基准点和基准曲线，单击【确定】，完成新层的创建，如图 8-130 所示。在左侧导航栏中的【层树】中选择新层【shu-biao】，单击右键→【隐藏】，则所有的基准点和基准曲线被隐藏，鼠标上盖模型如图 8-

131 所示。

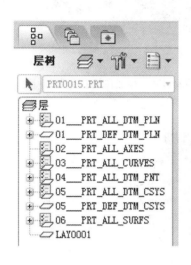

图 8-130 【层树】显示

图 8-131 【层属性】对话框

3. 创建拉伸曲面

（1）单击【拉伸】图标，选择【拉伸】操控板上的【拉伸为曲面】按钮，进入拉伸曲面环境。以【TOP】平面为草绘平面，选择默认参照，草绘鼠标前方的样条曲线，如图8-132 所示。单击【确定】图标按钮，输入拉伸深度 40，生成鼠标的前曲面，如图 8-133所示。

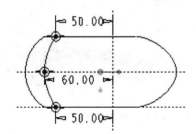

图 8-132 草绘鼠标前方的样条曲线

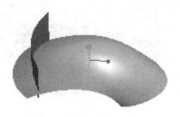

图 8-133 生成鼠标前方曲面

（2）单击【拉伸】图标，选择【拉伸】操控板上的【拉伸为曲面】按钮，进入拉伸曲面环境。以【TOP】平面为草绘平面，选择默认参照，草绘鼠标右侧曲面的曲线，如图8-134 所示。单击【确定】图标按钮，退出草绘。输入拉伸深度 40，生成鼠标右侧曲面，如图 8-135 所示。

（3）以【FRONT】平面作为对称面，将创建的鼠标右侧曲面镜像，生成左侧曲面，如图 8-136 所示。

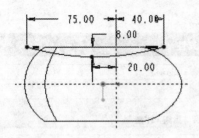

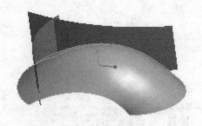

图 8-134　草绘鼠标右侧曲线　　　　　　图 8-135　生成鼠标右侧曲面

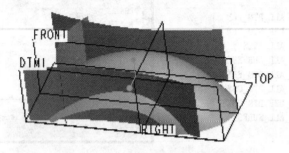

图 8-136　【镜像】生成左侧曲面

4. 合并曲面

（1）选取鼠标上盖曲面和前方曲面，执行【编辑】选项中的【合并】，选择合并曲面的保留方向，如图 8-137 所示。单击【确定】图标按钮，生成合并后的曲面，如图 8-138 所示。

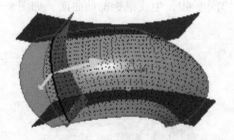

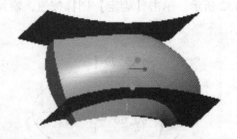

图 8-137　选择合并曲面的保留方向　　　　图 8-138　生成合并后的曲面

（2）选取鼠标右侧曲面和前一步合并后的曲面，执行【编辑】选项中的【合并】，选择合并曲面的保留方向，如图 8-139 所示。单击【确定】图标按钮，生成合并后的曲面，如图 8-140 所示。

（3）选取鼠标左侧曲面和前一步合并后的曲面，执行【编辑】选项中的【合并】，选择合并曲面的保留方向，如图 8-141 所示。单击【确定】图标按钮，生成合并后的曲面，如图 8-142 所示。

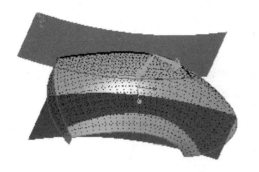

图 8-139 选择合并曲面的保留方向

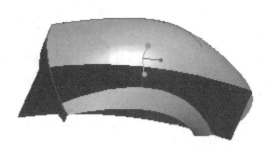

图 8-140 生成合并后的曲面

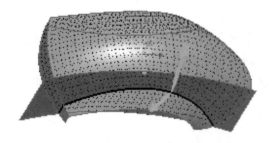

图 8-141 选择合并曲面的保留方向

图 8-142 生成合并后的曲面

5. 修饰模型

（1）选中模型，执行【编辑】选项中的【加厚】，在【加厚】操控板上设置厚度为3，单击【确定】图标按钮，生成曲面加厚特征，如图 8-143 所示。

（2）单击【工程】区域中的【倒圆角】图标，在【倒圆角】操控板中设置倒圆角半径为2，选中所有要倒圆角的边，单击【确定】按钮，生成倒圆角后的模型，如图 8-144 所示。

图 8-143 生成曲面加厚特征

图 8-144 生成倒圆角的模型

6. 切割创建按键

（1）单击【拉伸】图标，选择【拉伸】操控板上的【拉伸为实体】和【移除材料】按钮，进入拉伸切除实体环境。以【DTM1】平面为草绘平面，选择默认参照，草绘鼠标侧面切口曲线，如图 8-145 所示。单击【确定】图标按钮，退出草绘，输入拉伸深度70，生成鼠标侧面切口，如图 8-146 所示。

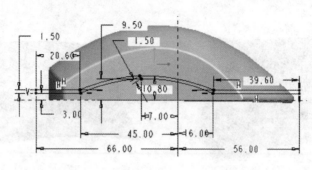

图 8-145　草绘鼠标侧面切口

（2）新建以【TOP】平面为参考，向上偏移 35 的平面【DTM2】作为下一步的草绘平面。

（3）单击【拉伸】图标，选择【拉伸】操控板上的【拉伸为实体】和【移除材料】按钮，进入拉伸切除实体环境。以【DTM2】平面为草绘平面，选择默认参考，草绘鼠标顶面纵切口曲线，如图 8-146 所示。单击【确定】图标按钮，退出草绘，输入拉伸深度 32，生成鼠标顶面纵切口，如图 8-147 所示。

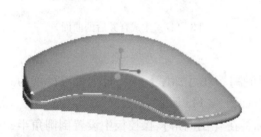

图 8-146　生成鼠标侧面切口

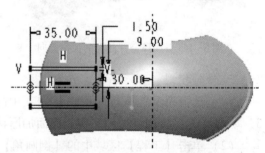

图 8-147　鼠标顶面纵切口曲线

（4）还以【DTM2】平面为草绘平面，选择默认参考，草绘鼠标顶面横切口曲线，如图 8-148 所示。单击【确定】图标按钮，退出草绘，输入拉伸深度 27，生成鼠标顶面横切口，如图 8-149 所示。至此，全部完成了鼠标外壳的创建。

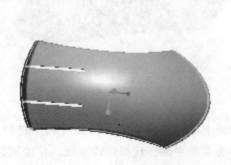

图 8-148　生成鼠标顶面纵切口

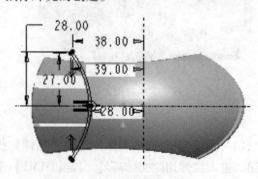

图 8-149　鼠标顶面横切口

8.9 习题

1. 利用旋转曲面、扫描曲面等命令创建如图 8－150 所示中的模型。

2. 利用拉伸扫描曲面、修剪曲面、偏移、阵列曲面等命令创建如图 8－151 所示中的模型。

3. 利用扫描混合曲面、旋转曲面、阵列、合并曲面、加厚曲面等命令创建如图 8－152 所示中的模型。

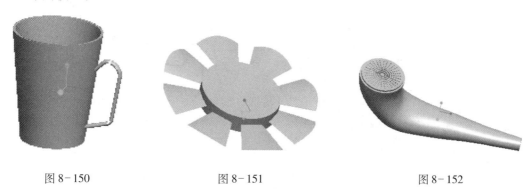

图 8－150   图 8－151   图 8－152

4. 利用曲面建模等命令创建如图 8－153 所示中的模型。

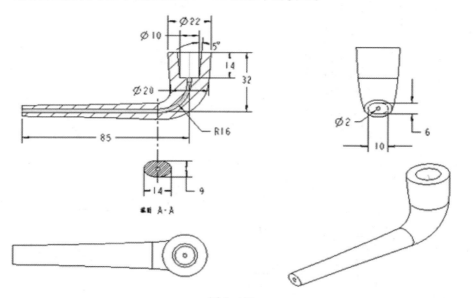

图 8－153

5. 利用曲面建模等命令创建如图 8－154 所示中的模型。

6. 利用曲面建模等命令创建如图 8－155 所示中的模型。

7. 利用曲面建模等命令创建如图 8－156 所示中的模型。

8. 利用曲面建模等命令创建如图 8－157 所示中的模型。

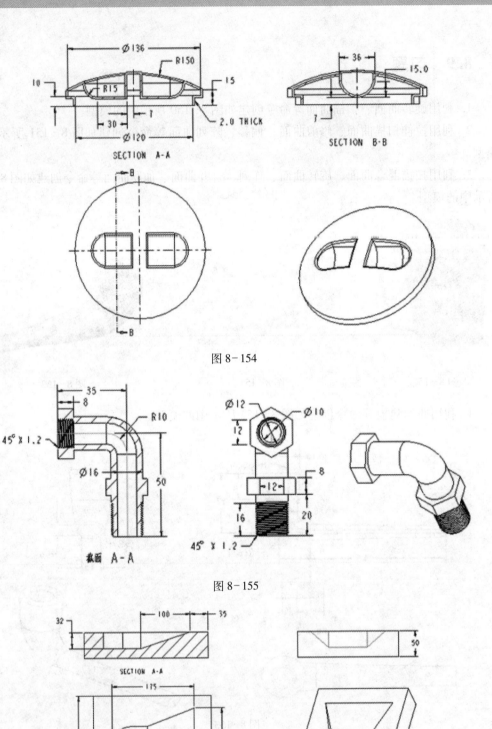

图 8－154

图 8－155

图 8－156

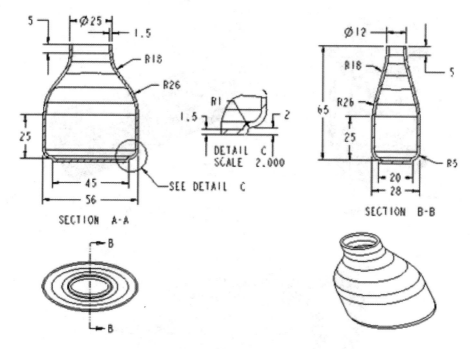

图 8-157

9. 利用曲面建模等命令创建如图 8-158 所示中的模型。

10. 利用曲面建模等命令创建如图 8-159 所示中的模型。

11. 利用曲面建模等命令创建如图 8-160 所示中的模型。

12. 利用曲面建模等命令创建如图 8-161 所示中的模型。

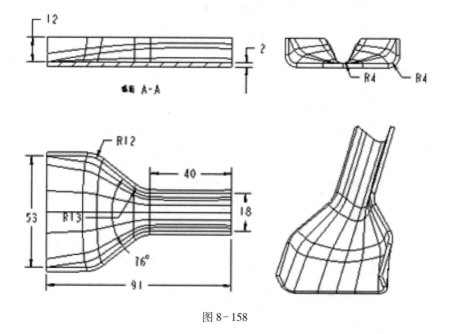

图 8-158

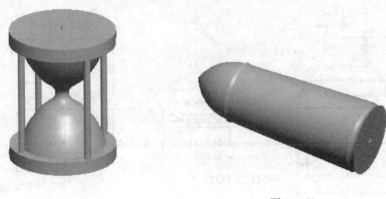

图 8-139   图 8-160

图 8-161

第9章　零件装配

本章将介绍的内容如下：

（1）零件装配的基本知识。

（2）零件的装配方法。

9.1　零件装配的基本知识

1. 基本装配约束

在 Creo 3.0 装配环境中，通过定义装配约束，可以指定一个元件相对于装配体（组件）中的其他元件（或特征）的放置位置和位置。装配约束的类型包括"重合"、"角度偏移"和"距离"等约束。一个元件通过装配约束添加到装配体中后，它的位置会随着与其有约束关系的元件改变而相应改变，而且约束设置值作为参数可随时修改，并可与其他参数建立关系方程，这样整个装配体实际上是一个参数化的装配体。

关于装配约束，请注意以下几点：

一般来说，建立一个装配约束时，应选取元件参考和组件参考。元件参考和组件参考是元件和装配体中用于约束定位和定向的点、线、面。例如，通过"重合"约束将一个零件上两个不同的"重合"约束。

系统一次只能添加一个约束。例如，不能用同一个"重合"约束将一个零件上两个不同的孔与装配体中的另一个零件上两个不同的孔中心重合，必须定义两个不同的"重合"约束。Creo 3.0 装配中，有些不同的约束可以达到同样的效果，如选择两平面"重合"与两平面的"距离"为 0，均能达到同样的约束目的，此时应根据设计意图和产品的实际安装位置选择合理的约束。

要对一个元件在装配体中完整地指定放置和定向（即完整约束），往往需要定义数个装配约束。

在 Creo 3.0 中装配元件时，可以将多于所需的约束添加到原件上。即使从数字的角度来说，元件的位置已完全约束，但是还可能需要制定附加约束，以确保装配件达到设计意图。建议将附加约束限制在 10 个以内，系统最多允许制定 50 个约束。

（1）【距离】约束

使用"距离"约束定义两个装配与元件中的点、线和平面之间的距离值。约束对象可以是元件中的平整表面、边线、顶点、基准点、基准平面和基准轴，所选对象不必是同一种类型，如可以定义一条直线和一条平面之间的距离。当约束对象是两平面时，两平面平行；当约束对象是两条直线时，两直线平行；当约束对象是一直线与一平面时，直线与平面平行。当距离为0时，所选对象将重合、共线或共面。

（2）【角度偏移】约束

用"角度偏移"约束可以定义两个装配元件中的平面之间的角度，也可以约束线与线，线与面之间的角度。该约束通常需要与其他约束配合使用，才能准确地定位角度。

（3）【平行】约束

用"平行"约束可以定义两个装配元件中的平面平行。也可以约束线与线及线与面平行。

（4）【重合】约束

①【"面与面"重合】约束

【"面与面"重合】约束可使两个装配元件中的两个平面重合并且朝向相同方向，如图9-1（b）所示；也可输入偏距值，使两个平面离开一定的距离，如图9-1（c）所示。重合约束也可使两条轴线同轴或者两个点重合。另外，重合约束还能使两条边或两个旋转曲面对齐。

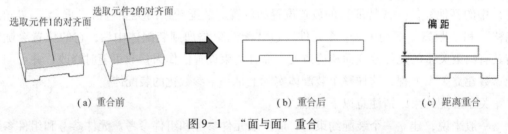

图9-1　"面与面"重合

②【"线与线"重合】约束

【"线与线"重合】约束可使两个装配元件中的两个旋转面的轴线重合。当轴线选取无效或不方便时，可以用这个约束，如图9-2所示。

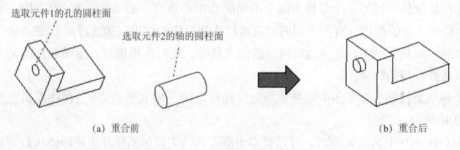

图9-2　"线与线"重合

③【"线与点"重合】约束

【"线与点"重合】约束可将一条线与一个点重合。线可以是零件或装配件上的边线、轴线或基准曲线；点可以是零件或装配件上的顶点或基准点，如图9-3所示。

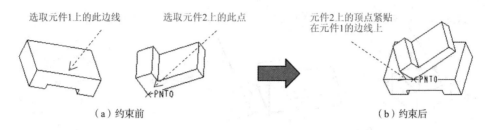

图 9-3　"线与点"重合

④【"面与点"重合】约束

【"面与点"重合】约束可使一个曲面和一个点重合。曲面可以是零件或装配件上的基准平面、曲面特征或零件的表面；点可以是零件或装配件上的顶点或基准点，如图 9-4 所示。

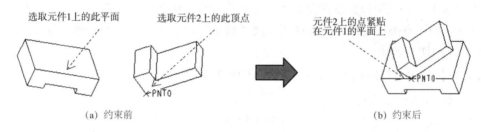

图 9-4　"面与点"重合

⑤【"线与面"重合】约束

【"线与面"重合】约束可将一个曲面与一条边线对齐。曲面可以是零件或装配件中的基准平面、表面或曲面面组；边线为零件或装配件上的边线，如图 9-5 所示。

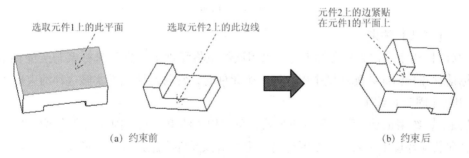

图 9-5　"线与面"重合

⑥【"坐标系"重合】约束

【"坐标系"重合】约束可将两个元件的坐标系重合，或者将元件的坐标系与装配件的坐标系重合，即一个坐标系中的 X 轴、Y 轴、Z 轴与另一个坐标系中的 X 轴、Y 轴、Z 轴分别重合，如图 9-6 所示。

(5)【法向】约束

"法向"约束可以定义两元件中的直线或平面垂直。

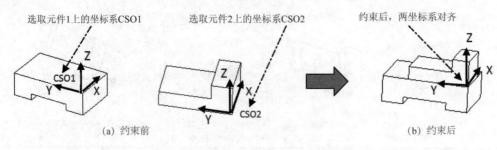

(a) 约束前　　　　　　　　　　　　　　(b) 约束后

图9-6　坐标系

(6)【共面】约束

"共面"约束可以使两个元件中的两条直线或基准轴处于同一平面。

(7)【居中】约束

用"居中"约束可以控制两坐标系的原点相重合，但各个坐标系不重合，因此两零件可以绕重合的原点进行旋转。当选择两柱面"居中"时，两柱面的中心轴将重合。

(8)【相切】约束

【相切】约束可控制两个曲面相切，如图9-7所示。

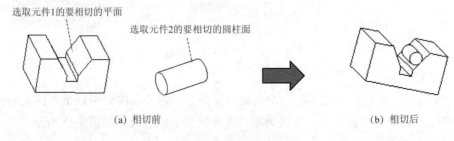

(a) 相切前　　　　　　　　　　　　　　(b) 相切后

图9-7　相切

(9)【默认】约束

【默认】约束也称为缺省约束，可以用该约束将元件上的默认坐标系与装配环境的默认坐标系对齐。当向装配环境中引入第一个元件时，常常对该元件实施这种约束形式。

(10)【固定】约束

【固定】约束也是一种装配约束形式，可以用该约束将元件固定在图形区的当前位置。当向装配环境中引入第一个元件时，也可对该元件实施这种约束形式。

注意：系统一次只添如一个约束；要对一个元件在装配体中完整地指定放置和定向，往往需要定义几个装配约束；在装配元件时，可以将多于所需的约束添加到元件上，即使元件的位置已完全约束，还可能需要指定附加约束，以确保装配件达到设计要求；附加约束限制在10个以内，系统最多允许指定50个约束。

2. 进入装配模式的方法

在完成各零件的建模后，还要将它们按照设计意图进行装配，形成具有一定功能的工程产品。Creo3.0中要进行零件装配必须进入零件装配模式。

创建新的装配文件时，在工具栏中单击【新建】按钮，或者选择【文件】→【新建】

命令，在弹出的【新建】的对话框中选择【装配】单选按钮，在子类型中选择【设计】单选按钮。如图9-8所示，输入零件名称，取消选择【使用默认模板】复选框，单击【确定】按钮，在弹出的【新文件选项】对话框中，如图9-9所示，选择选择公制模板【mmns_ asm_ design】单击【确定】按钮，进入装配模式界面如图9-10所示。装配模式的文件以扩展名为【.asm】，保存为单独的文件。

图9-8 新建对话框

图9-9 新文件选项

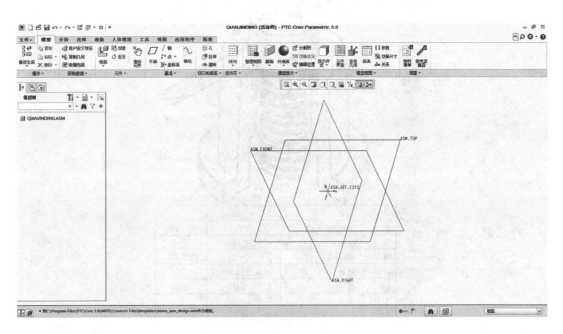

图9-10 装配工作界面

3. 装配的命令

在装配工作界面中有【组装】和【创建】命令按钮。在装配元件时，须在【元件放置】控制面板中添加约束，如图9-11所示。

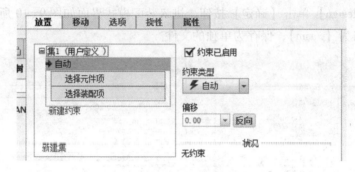

图9-11　【放置】控制面板

9.2　零件的装配方法

调用命令的方式如下：

单击 **模型** 功能选项卡 元件▼ 区域中【组装】 图标按钮。

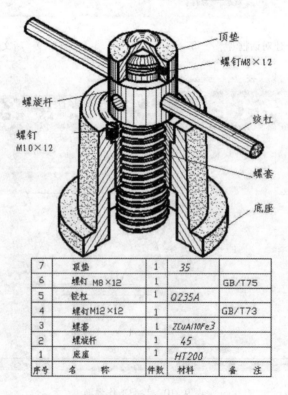

7	顶垫	1	35	
6	螺钉 M8×12	1		GB/T75
5	铰杠	1	Q235A	
4	螺钉M12×12	1		GB/T73
3	螺套	1	ZCuAl10Fe3	
2	螺旋杆	1	45	
1	底座	1	HT200	
序号	名　　称	件数	材料	备　注

图9-12　千斤顶示意图

9.2.1　零件的装配图的创建

操作步骤如下：

以如图9-12所示千斤顶装配为例。

1. 建立装配文件

在工具栏中单击【新建】按钮，或选择【文件】→【新建】命令，在弹出的【新建】的对话框中选择【装配】单选按钮，在子类型中选择【设计】单选按钮。输入零件名称【qianjinding】，取消选择【使用默认模板】复选框，单击【确定】按钮，在弹出的【新文件选项】对话框中选择公制模板【mmns_ asm_ design】，单击【确定】按钮，进入零件设计界面。

2. 组装基本部件

单击 **模型** 功能选项卡 **元件▾** 区域中【组装】 图标按钮，弹出【打开】对话框，打开名为【dizuo】的底座文件，如图9-13所示。在元件的装配操控板上设置约束方式为【默认】，如图9-14所示，单击【完成】按钮或单击鼠标中键，完成第一个元件的装配。

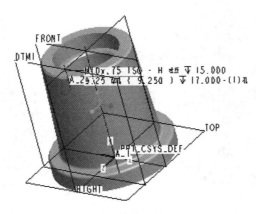

图9-13　底座模型

图9-14　约束方式为【默认】

3. 组装螺套

单击【组装】按钮，弹出【打开】对话框打开名为【luotao】的螺套文件，并单击元件装配操控板上的【指定约束时在单独的窗口中显示元件】 按钮，使用单独的窗口显示该文件，如图9-15所示。依次单击螺套和底座的轴线→单击底座沉孔的上表面→选择约束类型为【重合】→右键→新建约束→单击底座螺钉孔半圆曲面与螺套螺钉孔半圆曲面。如图9-16所示。将元件装配操控板上的【完成】按钮或单击鼠标中键，完成螺套的装配，如图9-17所示。

图9-15　底座

图9-16　螺套的装配

图9-17　螺套和底座重合约束

4. 组装螺旋杆

单击【组装】按钮，弹出【打开】对话框打开名为【luoxuangan】的螺套文件，单击元件装配操控板上的【指定约束时在单独的窗口中显示元件】 按钮使用单独的窗口显示该文件，如图9-18所示，依次单击螺旋杆和螺套的轴线→单击螺套上顶面→选择约束类型为【重合】→单击螺旋杆突沿下表面，如图9-19所示。单击元件装配操控板上的【完成】按钮或单击鼠标中键，完成螺旋杆的装配，如图9-20所示。

图9-18　螺旋杆

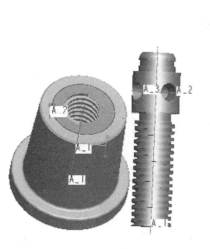

图9-19 螺旋杆与螺套重合约束

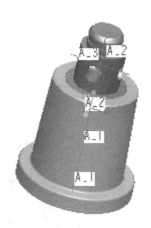

图9-20 螺旋杆的装配

图9-21 螺钉M10

5. 组装螺钉M10

单击【组装】按钮，弹出【打开】对话框打开名为【luodingm10】的螺套文件，并单击元件装配操控板上的【指定约束时在单独的窗口中显示元件】 按钮，使用单独的窗口显示该文件，如图9-21所示。

依次单击螺钉和螺钉孔的轴线→单击螺钉的顶面→选择约束类型为【重合】→单击螺套的上顶面，如图9-22所示，单击元件装配操控板上的【完成】按钮或单击鼠标中键，完成螺钉装配，如图9-23所示。

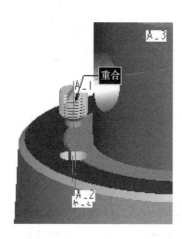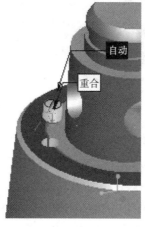

图9-22 螺钉与底座重合约束

6. 组装绞杠

单击【组装】按钮，弹出【打开】对话框打开名为【jiaogang】的螺套文件，单击元件装配操控板上的【指定约束时在单独的窗口中显示元件】 按钮，使用单独的窗口显示该文件，如图9-24所示。

图9-23　螺钉装配　　　　　　　　　　　　　　图9-24　绞杆

分别单击绞杠和螺旋杆的孔的轴线→单击螺旋杆的 FRONT 面→设置约束类型为【重合】→单击绞杠的对称面 FRONT 平面。单击元件装配操控板上的【完成】按钮或单击鼠标中键，完成绞杠的装配，如图9-25和图9-26所示。

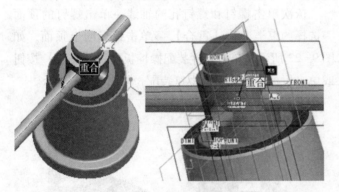

图9-25　绞杆与螺旋杆重合约束　　　　　　　　图9-26　绞杆的装配

7. 组装顶垫

单击【组装】按钮，弹出【打开】对话框打开名为【dingdian】的螺套文件，如图9-27所示。

依次单击顶垫和螺旋杆的轴线→单击顶垫下底面→选择约束类型为【重合】→单击螺旋杆大圆柱上顶面，如图9-28所示。单击元件装配操控板上的【完成】按钮或单击鼠标中键，完成顶垫的装配，如图9-29所示。

8. 组装螺钉 M8

单击【组装】按钮，弹出【打开】对话框打开名为【luodingm8】的螺钉文件，如图9-30 所示。

图 9-27　顶垫

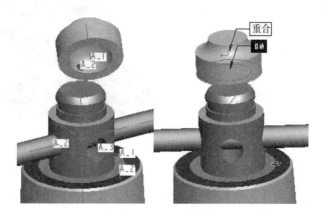

图 9-28　顶垫和螺旋杆的重合约束

图 9-29　顶垫的装配

图 9-30　螺钉 M8

依次单击螺钉和顶垫孔轴线→单击螺钉小头端面→选择约束类型为【相切】→单击螺旋杆大外圆柱面→单击螺钉中轴面 FRONT 面→选择约束类型为【重合】→单击顶垫中轴面 FRONT 面→设置对齐角度为 0，使螺钉对称面和顶垫对称面重合，如图 9-31 所示。单击元件装配操控板上的【完成】按钮或单击鼠标中键，完成螺钉的装配，如图 9-32 所示。

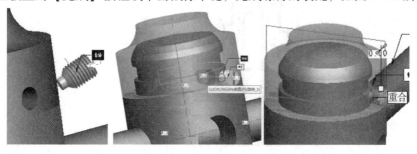

图 9-31　螺钉 M8 装配过程

图9-32　螺钉 M8 装配

8. 保存文件

单击【保存】按钮，保存文件到指定的目录并关闭窗口。

9.2.2　操作及选项说明

（1）添加第一个元件时候，一般使用【默认】约束，也可以使用【坐标系】约束。

（2）轴线和轴线，平面和平面，柱面和柱面之间的装配一般使用【自动】约束，装配操作只需要点选线与线、面与面即可。

（3）平面与平面【自动】约束装配若元件互相方向相反，单击【平面换向操作】按钮进行切换。

（4）根据需要可以使用【组装】操控面板上的【平面之间位置关系】选项，有【平行】、【偏移】、【重合】三个选项命令，可以实现平面之间位置调整。

（5）单击【组装】操控面板上的【移动】按钮打开下滑面板，点击元件可以使元件随鼠标拖动到需要的位置，再单击【移动】按钮，关闭下滑面板。

9.3　习题

根据齿轮泵装配示意图及零件图，装配齿轮泵（图9-33）。

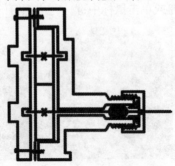

图9-33　齿轮泵装配示意图

（1）齿轮泵泵座图（图9-34、图9-35）

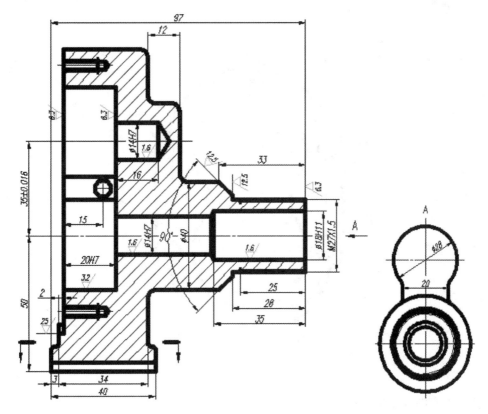

图9-34 齿轮泵泵座主视图

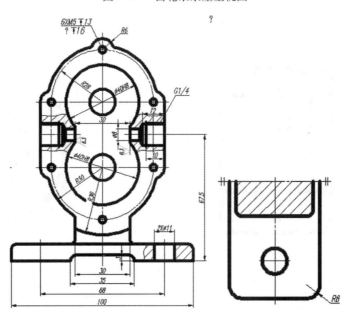

图9-35 齿轮泵泵座左视图

（2）垫片图（图9-36）

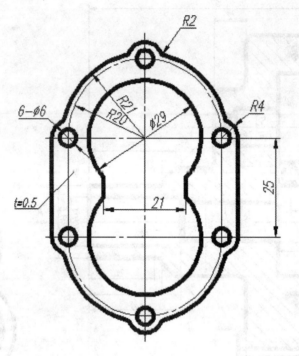

图9-36 垫片图

（3）螺套图（图9-37）

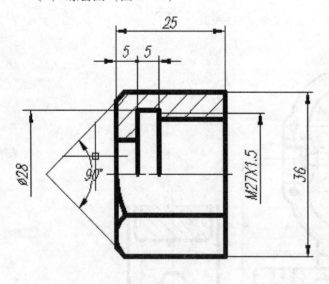

图9-37 螺套图

（4）泵盖（图9-38）

（5）齿轮（图9-39）

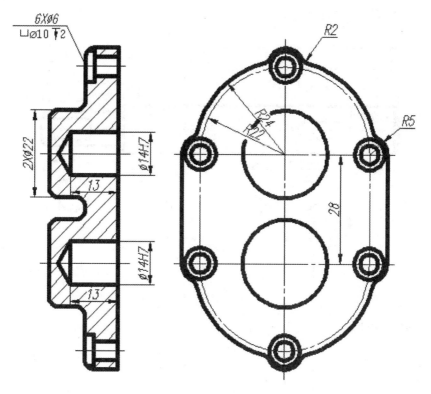

图 9-38 泵盖图

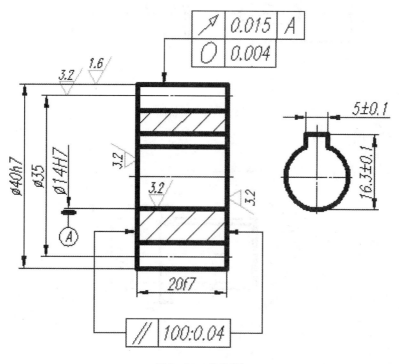

图 9-39 齿轮图

（6）泵轴（图9-40）

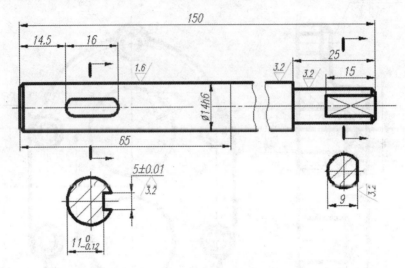

图9-40　泵轴图

（7）小轴（图9-41）

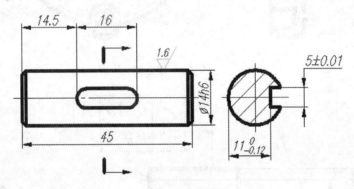

图9-41　小轴图

（8）轴套（图9-42）

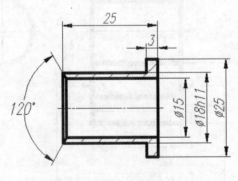

图9-42　轴套图

第 10 章　工程图

零件在生产之前，通常需要转化为工程图。Creo 3.0 可以按照用户的要求根据三维零件或装配模型方便地创建出工程图。生成的工程图与模型之间依然保持着参数化的关联，若修改三维模型，则其对应的工程图也会相应改变。

本章将介绍的内容如下：

（1）工程图文件的创建与环境参数配置。

（2）各类常用视图的创建。

（3）各类剖视图的创建。

（4）工程图标注。

（5）工程图表格的创建。

（6）工程图图框的创建。

10.1　工程图文件的创建与环境参数配置

10.1.1　工程图文件的创建

操作步骤如下：

双击【PTC Creo Parametric 3.0 M070】图标，运行 Creo3.0 软件【文件】→【管理会话】→【选择工作目录】→指定工作目录，如图 10-1 所示。打开需要创建工程图的三维零件模型→【文件】→【新建】，弹出【新建】对话，【文件类型】选择【绘图】，输入文件的名称：例如【drw0001】。取消勾选【使用默认模板】，如图 10-2 所示，→单击【确定】→弹出【新建绘图】对话框，【默认模型】为当前打开且激活窗口中的三维模型的名称，如果需要另指定三维模型可以点击【浏览】按钮，进行选择。【指定模板】选项中有【使用模板】、【格式为空】、【空】三种模板选项可选择，若选择【使用模板】选项，可以在【模板】选项中选择用户需要的模板，若选择【格式为空】选项，可以在【格式】选项中选择用户需要的格式，若选择【空】选项，可以在【方向】选项中选择用户需要的【横放】、【竖放】、【可变】三种图纸放置方向，可以在【大小】选项中选择系统提供的图纸大小 A0、A1、A2、A3、A4 等。本例中选择【空】，【方向】选择【横向】，图纸大小选择【A0】，如图 10-3 所示。→【确定】完成工程图文件的创建，进入工程图绘制界面，如图10-4所示。

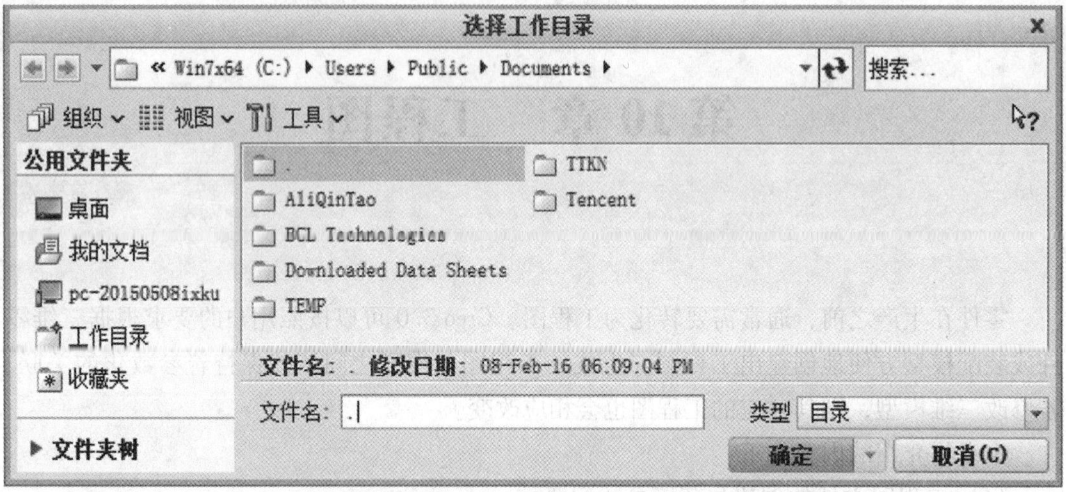

图10-1　设置工作目录

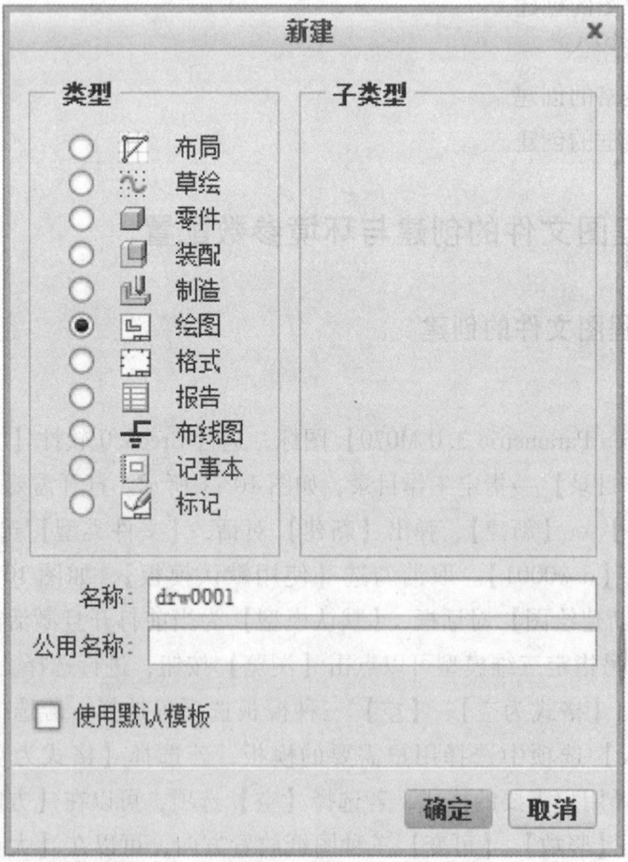

图10-2　新建对话框

图 10-3　新建绘图选项设置

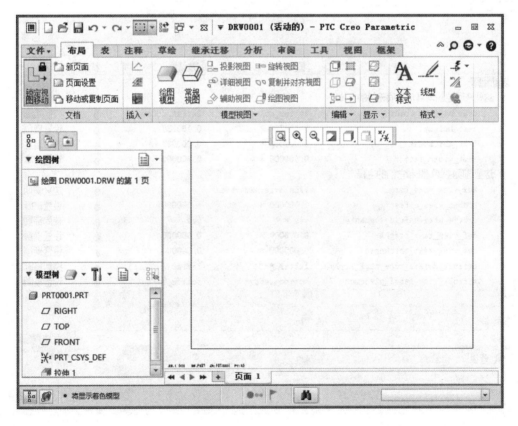

图 10-4　工程图绘制界面

10.1.2　工程图绘制环境参数的配置

由于 Creo3.0 是国外的绘图软件，所以其自带的工程图标准文件与我国的国标有很大差别。因此，必须对其环境参数进行修改，以适应我国的国标和企业标准。

Creo3.0 工程图绘制环境参数的配置方法如下：

执行【文件】→【准备】→【绘图属性】→弹出【绘图属性】对话框，单击【绘图属性】对话框中【详细信息选项】中的【更改】选项，弹出【选项】对话框，如图 10-5 所示→选中其中的一个选项【projection_ type】将其值【third_ angle】修改为【first_ angle】→【添加/更改】→【确定】，如图 10-6 所示，即完成了将欧美国家常用的【第三角视图投影方式】改为了中国常用的【第一角视图投影方式】。

其他常用的参数设置方式如下：

projection_ type   first_ angle

drawing_ units   mm

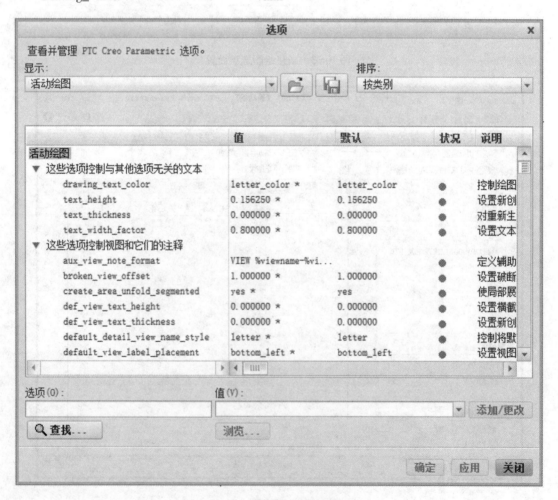

图 10-5　绘图选项配置

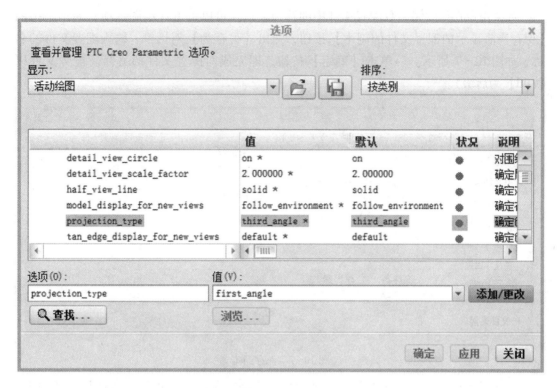

图 10-6 第一视角投影方式选项更改

text_ height	3. 5
text_ width_ factor	0. 8
tol_ display	yes
default_ angdim_ text_ orientation	horizontal
default_ diadim_ text_ orientation	parallel_ to_ and_ above_ leader
default_ lindim_ text_ orientation	parallel_ to_ and_ above_ leader
default_ raddim_ text_ orientation	parallel_ to_ and_ above_ leader
arrow_ style	filled
draw_ arrow_ length	3. 5
draw_ arrow_ width	1. 5
tol_ display	no
gtol_ datums	std_ iso
dim_ leader_ length	2
witness_ line_ delta	2
def_ xhatch_ break_ around_ text	yes
datum_ point_ size	7
crossec_ arrow_ length	6
crossec_ arrow_ width	2

如果用户在修改完参数配置文件中的选项之后，可以单击【绘图选项】对话框中的【保存当前显示的配置文件的副本】按钮，弹出【另存为】对话框，输入配置文件的名称，如图 10-7 所示。→单击【确定】按钮，即完成对配置文件的另存（配置文件以【.dtl】为后缀）。

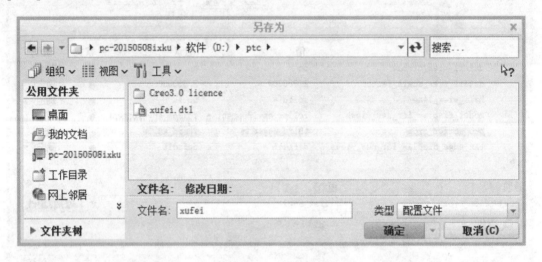

图 10-7　保存副本

如果以后用户需要使用此配置文件进行工程图绘制，则可执行【文件】→【准备】→【绘图属性】→弹出【绘图属性】对话框，单击【绘图属性】对话框中【详细信息选项】中的【更改】选项，弹出【绘图选项配置】对话框，如图 10-5 所示→单击【配置】对话框中的【打开配置文件】按钮，→选择要用的配置文件，如图 10-8 所示，单击【打开】按钮进行使用。

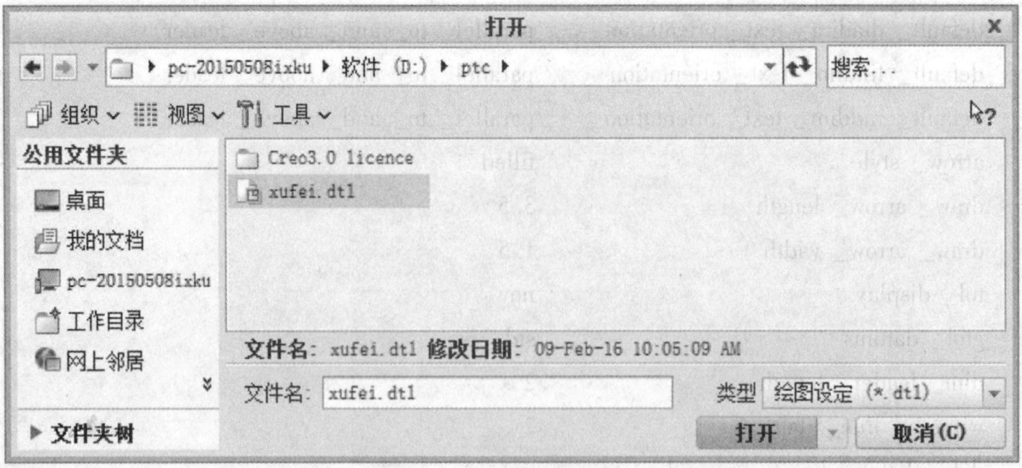

图 10-8　选择配置文件

工程图环境配置文件中的参数修改方式还有别的途径，比如：找到 Creo3.0 安装目录中的工程图环境配置文件，打开并修改、保存。

10.2 各类常用视图的创建

常用视图包括一般视图、投影视图、斜视图、局部放大视图、破断视图等。

10.2.1 一般视图

一般视图常指第一个创建的视图，也就是主视图，也可以是左视图、右视图、前视图、后视图、俯视图、顶视图、等轴测视图、斜轴测视图、或用户自定义的视图。

1. 创建一般视图

为图 10-9 所示的三维零件模型创建一般视图，操作步骤如下：

（1）打开需要创建工程图的零件模型 prt 10-2-1，如图 10-9 所示。→执行【文件】→【新建】→【绘图】，输入工程图文件名称：drw10-2-1，不使用【使用默认模板】→【确定】→【指定模板】为【空】，选择【A0】图纸，【横向】，如图 10-10 所示。→【确定】，进入工程图绘制界面。

（2）单击【布局】图标→单击【模型视图】工具栏中的【常规视图】图标，如图 10-11 所示。→弹出【选择组合状态】对话框→选择【无组合状态】→单击【确定】→在绘图区图框中需要放置一般视图的位置单击左键，自动生成着色状态的斜轴测视图，弹出【绘图视图】对话框，如图 10-12 所示。

（3）在【类别】选项中点选【视图类型】，在【视图方向】选项中【选取视图定向方法】

选项中选择【查看来自模型的名称】（系统默认），在【模型视图名】中单击选择一个需要的视图名称，比如，选择【FRONT】视图作为一般视图，如图 10-13 所示，→单击【应用】按钮。

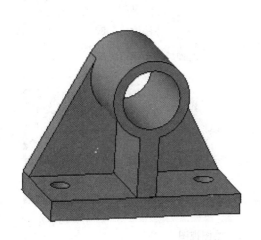

图 10-9 三维零件

图 10-10 新建绘图

图 10-11 工程图绘制工具栏

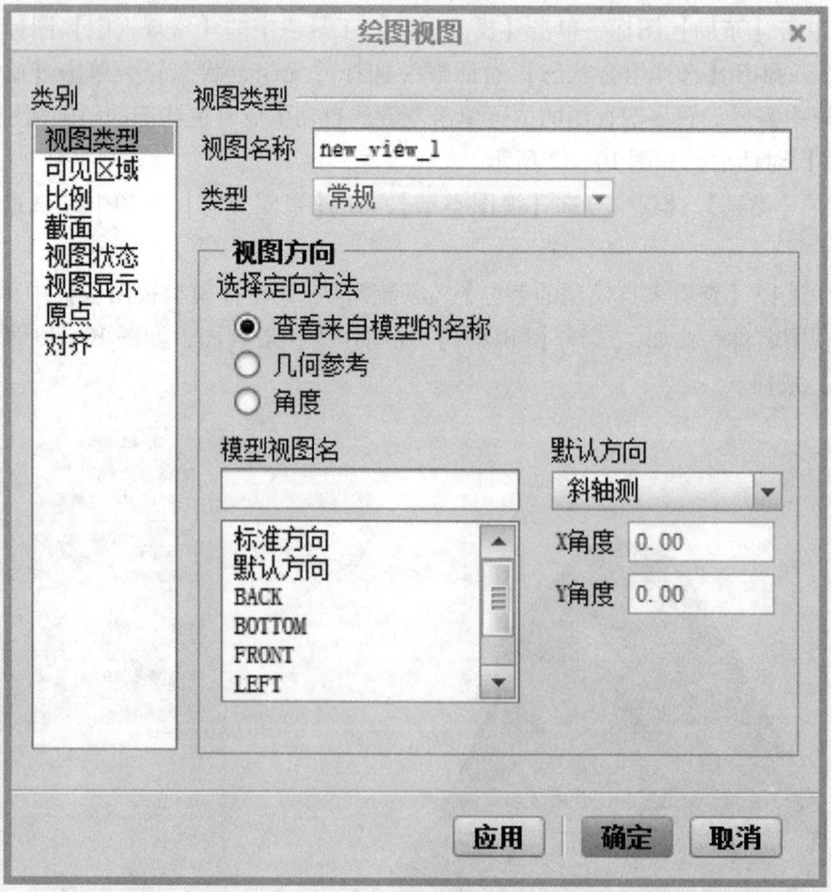

图 10-12 绘图视图

图 10-13　选择视图名称

（4）在【类别】选项中点选【可见区域】，在【可见区域】选项中【视图可见性】选项中选择【全视图】（系统默认），→单击【应用】按钮。

（5）在【类别】选项中点选【比例】，在【自定义比例】输入框中输入合适的比例，比如：2（即2：1），也可以选择【页面的默认比例】（系统默认），→单击【应用】按钮。

（6）在【类别】选项中点选【视图显示】，此时【绘图视图】对话框如图 10-14 所示。在【显示样式】选项中选择【隐藏线】（如果不需要显示隐藏线，也可选择【消隐】），如图 10-15 所示。在【相切边显示样式】选项中选择【无】，如图 10-16 所示，→单击【确定】按钮，即在绘制区生成所需的一般视图，如图 10-17 所示。

2．操作及选项说明

（1）【修改视图属性】单击生成的视图或选中需要修改属性的视图，长按右键，在右键菜单中选择【属性】选项，可以弹出【绘图视图】对话框，以重新对视图进行属性修改。

（2）【移动视图】选中需要移动的视图，长按右键，在右键菜单中选择【锁定视图移动】选项，如图 10-18 所示，取消视图锁定，然后，选择要移动的视图，按住左键拖动之，即可实现对视图的移动。

（3）【删除视图】选中需要删除的视图，长按右键，在右键菜单中选择【删除】选项，即可删除不需要的视图。

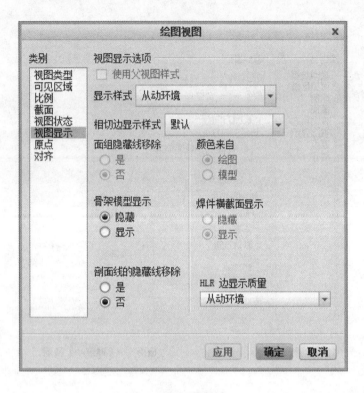

图 10-14　视图显示

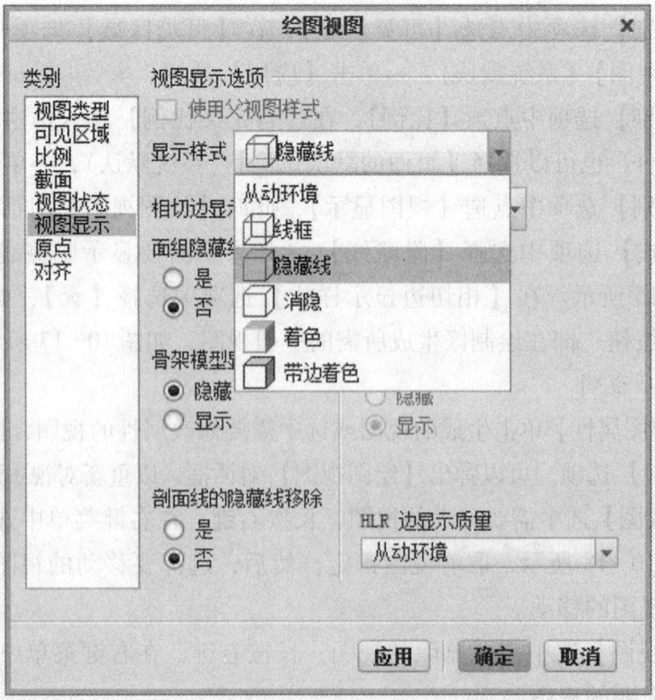

图 10-15　视图显示样式

图 10-16　绘图视图

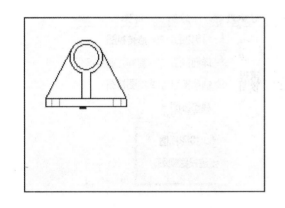

图 10-17　绘图一般视图

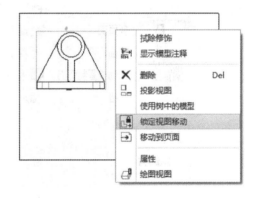

图 10-18　视图移动锁定

（4）在【视图类型】→【视图方向】选项中【选取定向方法】选项中选择【查看来自模型的名称】（系统默认），在【模型视图名】中单击选择一个需要的视图名称。这里有系统默认的视图名称，也可以在三维模型中新建视图，此时在【模型视图名】中便会有对应的此名称可选。

10.2.2　投影视图

投影视图是指通过已创建的视图在水平或竖直方向上投影所得的视图，因此，要创建投影视图,需之前已创建有视图。

1. 创建投影视图

为图10-19所示的一般视图(主视图)创建投影视图,操作步骤如下:

(1)选中需要创建投影视图的工程图视图,如图10-19所示。单击【布局】图标→单击【模型视图】工具栏中的【投影视图】图标,如图10-20所示。→此时鼠标光标处便出现一个视图的投影视图边框,在主视图的右侧适当位置单击左键,自动生成着色状态的投影视图(左视图),如图10-21所示;

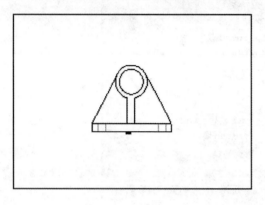

图10-19 主视图

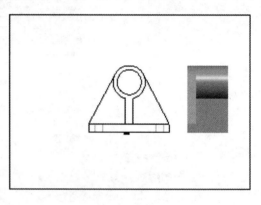

图10-20 主视图及左视图投影

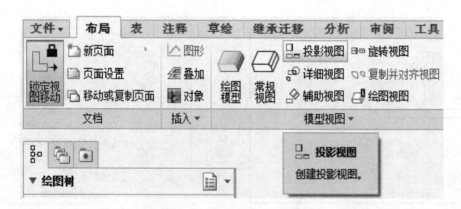

图10-21 创建投影视图选项

(2)双击此投影视图,弹出【绘图视图】对话框,在【类别】选项中点选【视图显示】,在【显示样式】选项中选择【隐藏线】,在【相切边显示样式】选项中选择【无】,→单击【确定】按钮,即生成所需的投影视图(左视图),如图10-22所示;

(3)用同样的方法,可以创建右视图、前视图、后视图、俯视图、顶视图,如图10-23所示。

2. 操作及选项说明

在【显示样式】选项中有【线框】、【隐藏线】、【着色】、【带边着色】多种选项可选。

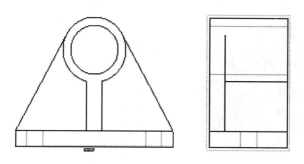

图 10-22 【隐藏线】投影视图

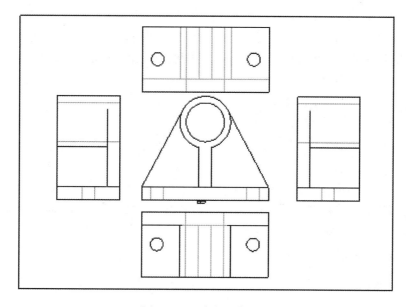

图 10-23 多个基本视图

10.2.3 斜视图

斜视图在 Creo 3.0 中也叫辅助视图，常用于绘制倾斜面的平行投影，反映倾斜面的真实形状。它是以垂直角度向父项视图中的参照面或轴做正投影，因此，要创建斜视图，需父项视图的倾斜平面垂直于屏幕平面，或轴线平行于屏幕平面，且之前已创建有父项视图。

1. 创建斜视图

为图 10-24 所示的三维模型（模型文件 prt10-2-3）的一般视图（主视图）创建斜视图，操作步骤如下：

（1）打开工程图文件 drw 10-2-3，选中需要创建斜视图的父项视图，如图 10-26 所示。单击【布局】图标→单击【模型视图】工具栏中的【辅助视图】图标，如图 10-25 所示。→点选倾斜平面的投影（斜线）→此时鼠标光标处便出现一个斜视图边框，在主视图的左下侧适当位置单击左键，自动生成着色状态的斜视图；

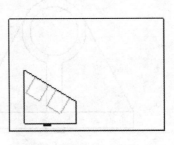

图 10-24　一般视图

（2）双击此斜视图，弹出【绘图视图】对话框，在【类别】选项中点选【视图显示】，在【显示样式】选项中选择【消隐】，在【相切边显示样式】选项中选择【无】，→单击【确定】按钮，即生成所需的斜视图，再将此斜视图拖动到主视图的右上角适当位置即可，如图 10-26 所示。

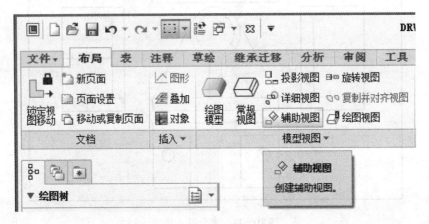

图 10-25　创建辅助视图工具选项

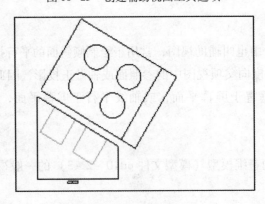

图 10-26　斜视图

2. 操作及选项说明

其余操作与选项不常用，在这里不再赘述。

10.2.4 局部放大视图

局部放大视图在 Creo 3.0 中也叫详细视图，常用于绘制复杂零件的尺寸较小的局部的形状。因此，要创建局部放大视图，需之前已创建有父项视图。

1. 创建局部放大视图

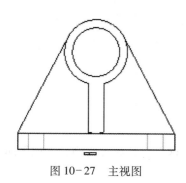

为图 10-27 所示的一般视图（主视图）创建局部放大视图，操作步骤如下：

（1）选中需要创建局部放大视图的父项视图，如图10-27所示。单击【布局】图标→单击【模型视图】工具栏中的【详细视图】图标，如图 10-28 所示。→点选需要创建局部放大视图的部位处的边线上一点，如图 10-29 所示（父项视图右下角）。→以所选点为中心，依次单击鼠标左键绘制出样条曲线环，在环的首尾相接处单击鼠标中键结束放大区域的圈定，如图 10-30 所示。

图 10-27 主视图

（2）在需要放置局部放大视图的主视图右侧单击左键，即生成局部放大视图，如图10-31 所示。

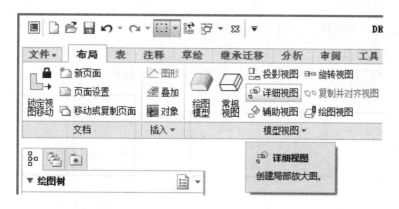

图 10-28 创建详细视图工具选项

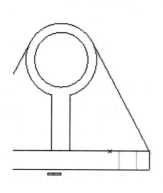

图 10-29 局部放大中心点

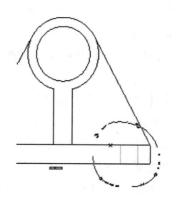

图 10-30 圈定放大区域

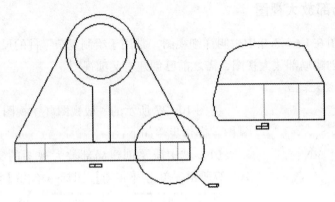

图 10-31 局部放大视图

2. 操作及选项说明

双击局部放大视图，弹出【绘图视图】对话框，可以在这里对其放大比例，名称等属性进行修改。

10.2.5 破断视图

破断视图是指移除两个选定点或多个选定点之间的视图，并将剩下的两部分合拢在一定的距离之内形成的视图，常用于绘制长条状零件视图。

1. 创建破断视图

为图 10-32 所示的轴的（主视图）创建破断视图，操作步骤如下：

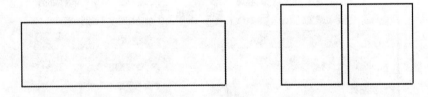

图 10-32 一般视图   图 10-33 破断视图

（1）打开工程图文件 drw10-2-5，选中需要创建破断视图的主视图，如图 10-32 所示。单击右键，选择【属性】→弹出【绘图视图】对话框。在【类别】选项中点选【可见区域】，在【可见区域】选项中【视图可见性】选项中选择【破断视图】，如图 10-34 所示。

（2）单击【添加断点】（加号）按钮。单击需要打断的上边界左侧一点，拖出一条破断方向线，向下方拖出下边界线，单击左键，完成第一破断线的创建，如图 10-35 所示。

（3）单击需要打断的上边界右侧一点，完成第二破断线的创建，如图 10-36 所示。

（4）单击【破断线样式】下方的选项条，展开下拉选项，选择需要的破断线型，如图 10-37 所示。单击【确定】，完成破断视图的创建，生成破断视图，如图 10-33 所示。

图 10-34 破断视图选项

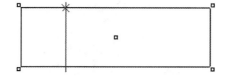

图 10-35 第一破断线的创建

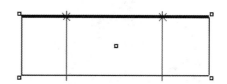

图 10-36 第二破断线的创建

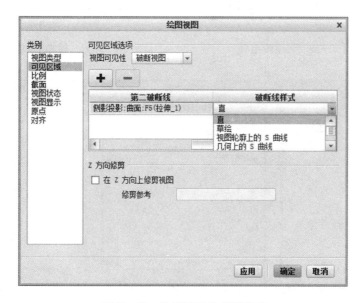

图 10-37 选择需要的破断线型

2. 操作及选项说明

生成破断视图后，两断被断开的视图部分之间的间距可以用按住左键拖动的方法调节。

10.3　各类剖视图的创建

剖视图包括全剖视图、半剖视图、局部剖视图、阶梯剖视图、旋转剖视图、断面视图等。

10.3.1　定向视图和截面的创建

1. 定向视图的创建

为 10.3-1 所示的三维零件模型创建定向视图，操作步骤如下：

（1）打开需要创建定向视图的三维模型文件 prt10-3-1，如图 10-38 所示。→将三维模型摆放为定向视图需要的方位，如图 10-39 所示，执行【视图】→【管理视图】→【视图管理器】，弹出【视图管理器】菜单，如图 10-40 所示；

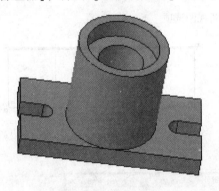

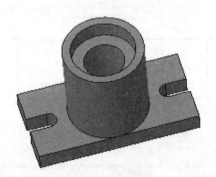

图 10-38　三维模型　　　　　图 10-39　模型定向视图

图 10-40　视图管理器　　　图 10-41　输入定向视图名称　　　图 10-42　生成定向视图

（2）单击【定向】→【新建】→在【名称】选项中输入定向视图的名称，比如"1"，如图10-41所示。→单击【Enter】键，即生成新的定向视图【1】，如图10-42所示。窗口中的模型视图如图10-39所示。

操作步骤如下：

单击【视图管理器】菜单中的【定向】，双击【名称】中的视图名称，可以在各定向视图中切换；选中定向视图名称→单击右键→选择【移除】，或【重新定义】或【重命名】可以对定向视图作相应的修改。

2. 横截面的创建

为图10-38所示的三维零件模型创建横截面，操作步骤如下：

（1）打开需要创建横截面的三维模型文件prt10.3-1，如图10-38所示。执行【视图】→【管理视图】→【视图管理器】，弹出【视图管理器】菜单，单击【截面】按钮，打开【截面】菜单，如图10-43所示。

（2）单击【新建】，展开【新建横截面】菜单，如图10-44所示。单击【平面】选项，弹出【新建截面】菜单，输入剖截面的名称【A】，如图10-45所示。

（3）单击【Enter】，弹出【横截面设置面板】如图10-46所示。然后，点击【参考】→选择【FRONT】，点选【FRONT】基准平面来放置截面，如图10-47所示，在【横截面设置面板】设置剖截面平面放置类型为【穿过】，如图10-48所示，单击【确定】按钮，完成剖截面的创建，如图10-49所示。

图10-43 横截面创建

图10-44 横截面新建

图10-45 横截面命名

图10-46 横截面设置面板

图 10-47 选择【FRONT 平面】

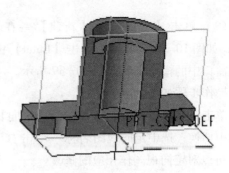

图 10-49 被截面 A 剖开后模型

图 10-48 设置剖截面平面放置类型为【穿过】

3. 操作及选项说明

在【视图管理器】菜单中的【截面】菜单中双击已创建的横截面的名称可以查看三维模型被横截面剖开的状态，如图 10-49 所示。选中横截面的名称→单击右键→选择【移除】，或【编辑定义】或【重命名】可以对其作相应的修改。

10.3.2 全剖视图

全剖视图是指用剖切截面把三维模型完全剖开所得的剖视图，因此要创建全剖视图，需之前已创建有视图。

1. 创建全剖视图

为图 10-50 所示的三维模型的主视图（右图）创建全剖视图，操作步骤如下：

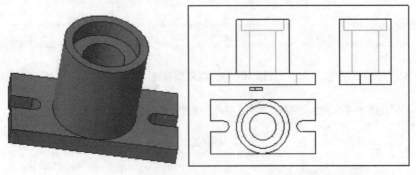

图 10-50 主视图及全剖视图

（1）打开需要创建全剖视图的工程图文件 prt10－3－2，双击需要创建全剖视图的主视图，如图10-51所示。弹出【绘图视图】对话框，在【类别】选项中点选【截面】，在【截面选项】中选择【2D 横截面】，单击【添加剖面】（加号）按钮，在【名称】选项中选择之前已创建的截面，如【A】，如图10-52所示。

图10-51　添加剖面

图10-52　选取项目

（2）在【剖切区域】选项中选择【完整】，单击【箭头显示】选项下方的工具条，如图10-53所示，点选俯视图作为剖切箭头的显示视图→单击【应用】按钮→单击【确定】按钮，即生成所需的全剖视图和剖切箭头。

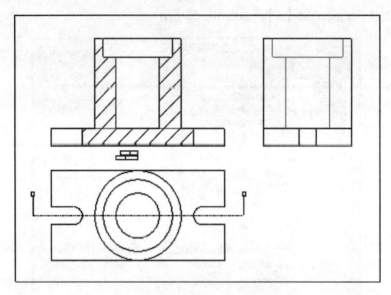

图10-53　消隐的全剖视图

（3）修改主视图的视图显示样式为【消隐】，生成的全剖视图如图10-54所示。

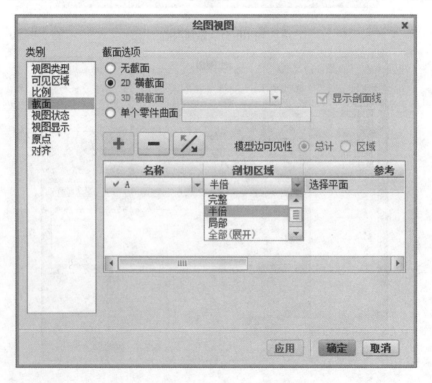

图10-54　截面半剖

2. 操作及选项说明

（1）【2D 横截面的创建方式】2D 横截面可以在三维实体模型中提前创建，可以是基准平面，也可以在生成全剖视图时在【2D 横截面】选项中→单击【添加剖面】（加号）按钮，在【名称】选项中选择【新建】选项，以创建新的剖截面。

（2）【剖面线的修改方式】双击剖面线，会弹出【剖面线修改】菜单，在此可以修改剖面线的间距、角度等。也可以拭除剖面线。

10.3.3 半剖视图

半剖视图是指用剖切截面把三维模型完全剖开所得的剖视图，要创建半剖视图，需之前已创建有视图。

1. 创建半剖视图

为图 10-54 所示的三维模型的主视图（右图）创建半剖视图，操作步骤如下：

（1）双击需要创建半剖视图的主视图，如图 10-54 所示。弹出【绘图视图】对话框，在【类别】选项中点选【截面】，在【截面选项】中选择【2D 横截面】，单击【添加剖面】（加号）按钮，在【名称】选项中选择之前已创建的截面，如【A】；

（2）在【剖切区域】选项中选择【半倍】，如图 10-54 所示；

（3）此时【参照】选项下方的工具条提示【选择平面】，如图 10-55 所示，点选主视图或俯视图中的【RIGHT 平面】作为半剖视图的对称平面，如图 10-56 所示；

图 10-55 添加剖面符号

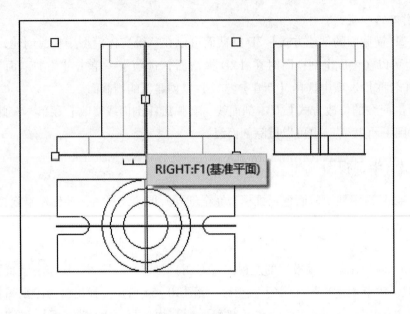

图 10-56　选对称平面

（4）此时【边界】选项下方的工具条提示【拾取侧】，如图 10-57 所示，点选主视图中的【RIGHT 平面】右侧，选择主视图的右侧剖开，生成半剖视图，如图 10-58 所示。

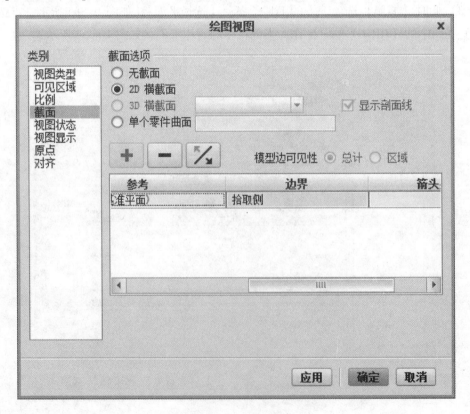

图 10-57　拾取侧

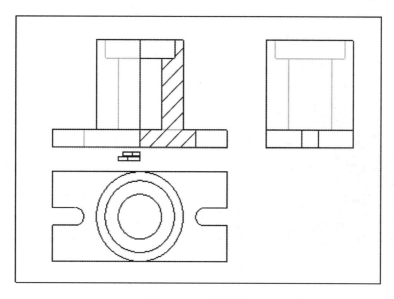

图 10-58 半剖视图

2. 操作及选项说明

（1）修改剖视图名称的位置：单击【注释】按钮，展开注释工具栏，如图 10-59 所示。

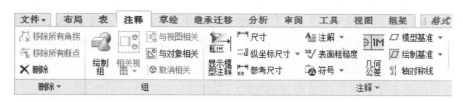

图 10-59 注释工具栏

（2）选择要移动的剖视图的名称，如图 10-60 所示。可以用按住左键拖动的方式修改视图名称的位置。

图 10-60 剖视图名称

（3）选择要删除的剖视图的名称。长按鼠标右键，弹出右键菜单，选择【删除】可以删除剖视图的名称。如果选择【拭除】可以拭除剖视图的名称。

10.3.4 局部剖视图

局部剖视图是指用剖切截面把三维模型局部剖开所得的剖视图，要创建局部剖视图，需之前已创建有视图。

1. 创建局部剖视图

为图 10-61 所示的三维模型的主视图（右图）创建局部剖视图，操作步骤如下：

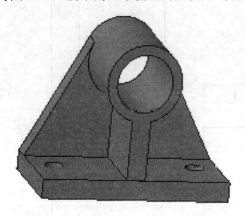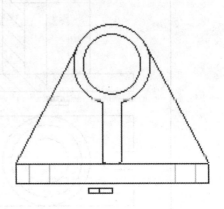

图 10-61　三维模型及主视图

（1）打开工程图文件 drw10-3-4，双击需要创建局部剖视图的主视图，如图 10-61 所示。弹出【绘图视图】对话框，在【类别】选项中点选【截面】，在【截面选项】中选择【2D 横截面】，→单击【将横截面添加到视图】（加号）按钮，在【名称】选项中选择之前已创建的截面。如【A】；

（2）在【剖面区域】选项中选择【局部】，如图 10-62 所示；

（3）此时【参照】选项下方的工具条提示【选取点】，点选主图中的底板右侧孔的上边界线上一点。此时【边界】选项下方的工具条提示【草绘样条】，如图 10-63 所示，以选取点为中心，依次单击左键圈出一个局部边界的环，如图 10-64 所示，单击中键结束边界环的绘制，单击【确定】生成局部剖视图，如图 10-65 所示。

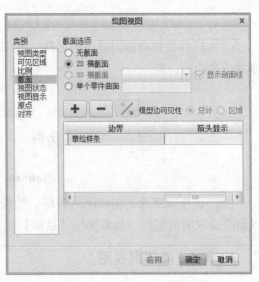

图 10-62　选择剖切区域为【局部】　　　　图 10-63　边界设置

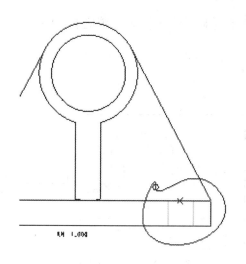

图 10-64 局部边界的环

图 10-65 局部剖视图

2. 操作及选项说明

其余操作与选项不常用，在这里不再赘述。

10.3.5 阶梯剖视图

阶梯剖视图是指用几个平行剖切截面把三维模型剖开所得的剖视图，要创建阶梯剖视图，需之前已创建有视图。

1. 创建阶梯剖视图

为图 10-66 所示的三维模型的主视图（右图）创建阶梯剖视图，操作步骤如下：

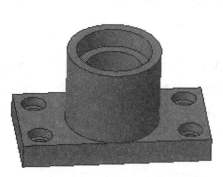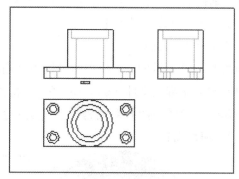

图 10-66 主视图

（1）打开工程图文件 drw10-3-5，双击需要创建阶梯剖视图的主视图，如图 10-66 所示。弹出【绘图视图】对话框，在【类别】选项中点选【截面】，在【截面选项】中选择【2D 横截面】选项；

（2）单击【添加剖面】（加号）按钮，选择【2D 横截面】名称【B】（此剖截面已提前创建），在【剖切区域】选项中选择【完整】，如图 10-67 所示。单击【箭头显示】下方的工具条，选择俯视图。单击【应用】按钮，生成主视图的阶梯剖视图和剖截面箭头；

（3）修改主视图的【视图显示状态】中的【显示样式】为【消隐】，生成主视图的阶梯剖视图如图 10-68 所示。

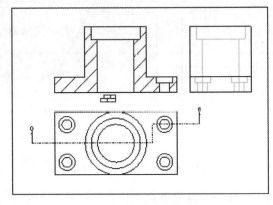

图 10-67　阶梯剖选择剖面　　　　　　图 10-68　主视图的阶梯剖视图

2. 操作及选项说明

剖截面可以提前在三维模型中创建，也可以在【2D 横截面】名称中选择【创建新剖面】选项进行创建。

10.3.6　旋转剖视图

旋转剖视图是指用几个成角度且相交的剖切截面把三维模型剖开所得的剖视图，要创建旋转剖视图，需之前已创建有视图。

1. 创建旋转剖视图

为图 10-69 所示的三维模型的主视图（右图）创建旋转剖视图，操作步骤如下：

（1）打开工程图文件 drw10-3-6，双击需要创建旋转剖视图的左视图，如图 10-69 所示。弹出【绘图视图】对话框，在【类别】选项中点选【截面】，在【截面选项】中选择【2D 横截面】。

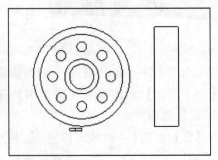

图 10-69　主视图及旋转剖视图

（2）单击【将横截面添加到视图】（加号）按钮，在【名称】选项中选择【B】（此剖截面已提前在三维模型中创建），在【剖切区域】选项中选择【全部对齐】，如图10-70所示。

（3）根据【参照】下方的工具条提示【选取轴】，选择旋转轴线。→单击【箭头显示】选项下方工具条→点选主视图作为放置剖切箭头的视图→单击【确定】按钮，生成左视图的旋转剖视图如图10-71所示。

图10-70　绘图视图

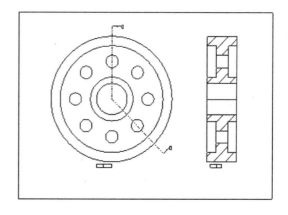

图10-71　旋转剖视图

2. 操作及选项说明

（1）剖截面可以提前在三维模型中创建，也可以在【2D横截面】名称中选择【新建】选项进行创建。

（2）旋转剖视图一般在投影视图上创建。

10.3.7　断面视图

断面视图是指用剖切截面把三维模型剖开所得的断面切口形状的视图，要创建断面视图，需之前已创建有视图。

1. 创建断面视图

为图10-72所示的三维模型的主视图（右图）创建断面视图，操作步骤如下：

图10-72　主视图

打开工程图文件 drw10-3-7，为主视图创建左视图，双击需要创建断面视图的左视图，如图 10-73 所示。弹出【绘图视图】对话框，在【类别】选项中点选【截面】，在【截面选项】中选择【2D 横截面】，在【模型边可见性】选项中选择【区域】，单击【添加剖面】（加号）按钮，在【名称】选项中选择已创建剖面【A】，【剖切区域】选项中选择【完全】，如图 10-74 所示。单击【箭头显示】选项下方的工具条，选择主视图为箭头添加的视图，单击【确定】按钮，生成断面视图如图 10-75 所示。

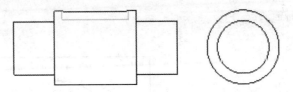

图 10-73　主视图及左视图

图 10-74　剖面设置

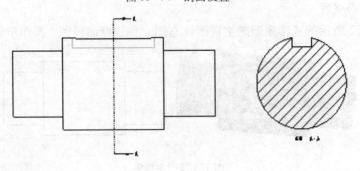

图 10-75　断面视图

2. 操作及选项说明

其余操作与选项不常用，在这里不再赘述。

10.4 工程图标注

工程图标注包括尺寸标注、基准标注、尺寸公差标注、几何公差标注、表面粗糙度标注、文本注释等。

工程图尺寸标注包括自动生成尺寸标注、手动创建尺寸标注等。

10.4.1 自动生成尺寸标注

1. 尺寸标注的创建

为图 10-76 所示的三维零件模型的主视图创建自动尺寸标注，操作步骤如下：

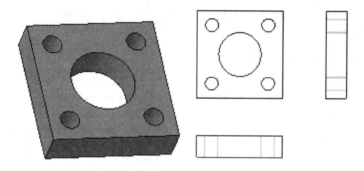

图 10-76 主视图及三视图

（1）打开需要创建尺寸标注的工程图文件 drw 10-4-1，如图 10-76 所示，单击【注释】图按钮展开【注释】工具栏，单击【注视】工具栏中的【显示模型注释】图标，如图 10-77 所示。弹出【显示模型注释】对话框，如图 10-78 所示。

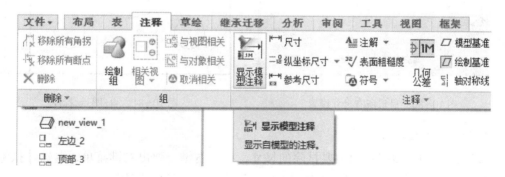

图 10-77 显示模型注释工具栏

（2）点选【显示模型尺寸】图标 ⊢·⊣ ，→点选【类型】选项中【全部】如图 10-79 所示。→单击要显示尺寸的主视图，【显示模型注释】对话框中显示所有尺寸名称，→点选需要显示的尺寸如图 10-80 所示。单击【确定】，即完成了所需尺寸的自动显示标注。生成的尺寸如图 10-81 所示。

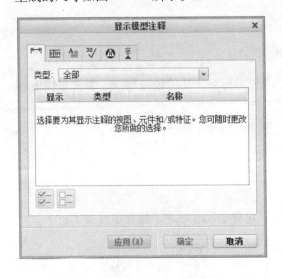

图 10-78　显示模型注释面板

图 10-79　显示模型注释对话框

图 10-80　显示所有尺寸设置

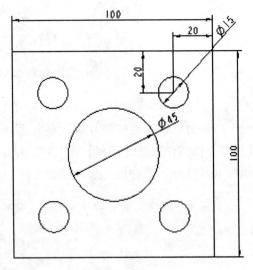

图 10-81　自动显示标注

2. 操作及选项说明

（1）【尺寸的拭除】：选中要拭除的尺寸，按住右键，弹出右键菜单，点选【拭除】即可拭除尺寸。拭除的尺寸只是不显示而已，尺寸信息还存在模型中，以后还可以再显示出来。

（2）【尺寸的删除】：选中要删除的尺寸，按住右键，弹出右键菜单，点选【删除】即可删除尺寸。删除的尺寸以后不可以再显示出来。

（3）【尺寸的移动】：左键选中要移动的尺寸，按住左键拖动即可移动尺寸。

（4）【显示轴线】：【显示模型注释】对话框中单击【显示模型基准】图标 ，在【类型】选项中选择【轴】，如图 10-82 所示，点选要显示轴线的主视图，【显示模型基准】选项中展开所有轴线名称。勾选需要显示的轴线名称，单击【确定】，即显示出视图中回转特征的轴线，如图 10-83 所示。

图 10-82 显示轴线设置

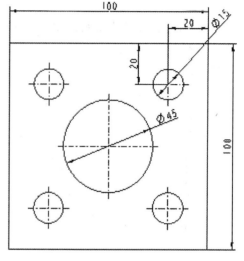

图 10-83 显示轴线

10.4.2 手动创建尺寸标注

1. 手动创建尺寸标注

为图 10-84 所示的三维零件模型的主视图手动创建尺寸标注，操作步骤如下：

打开需要创建尺寸标注的工程图，如图 10-84 所示，单击【注释】图按钮展开【注释】工具栏，单击【注释】工具栏中的【尺寸】图标 尺寸，如图 10-84 所示。弹出【选择参考】菜单（此时系统默认选择【选择图元】选项 ），如图 10-85 所示。

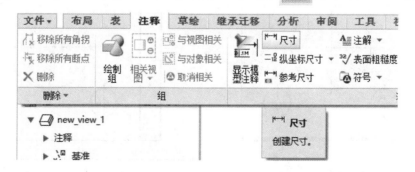

图 10-84 注释

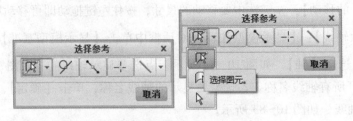

图 10-85　【选择参考】菜单

（1）标注单独线性图元长度：选择【选择图元】按钮，单击需要标注的线性图元，如图 10-86 所示，在需要放置尺寸的位置单击中建完成单独线性图元长度的标注，如图 10-87 所示；

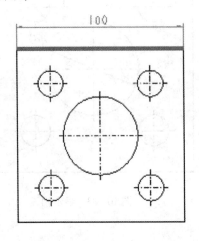

图 10-86　选中图元

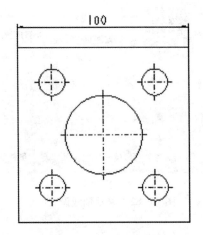

图 10-87　完成图元标注

（2）标注两图元之间距离：选择【选择图元】按钮，按住【Ctrl】键，依次点选需要标注距离的两个图元，如图 10-88 所示，→在需要放置尺寸的位置单击中建完成两图元之间距离的标注，如图 10-89 所示；

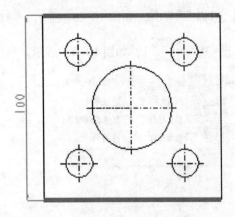

图 10-88　选中 2 个图元

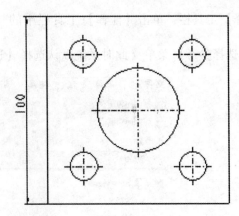

图 10-89　标注出距离

（3）标注两图元交点与另一图元之间距离：单击【求交】按钮，如图 10-90 所示，按住【Ctrl】键，依次点选需要求交点的两个图元，如图 10-91 所示，单击【选择图元】按钮，按住【Ctrl】键，选择另一个图元（如圆弧），如图 10-92 所示，长按右键，弹出右键菜单，点选【竖直】选项，如图 10-93 所示，在需要放置尺寸的位置单击中建完成两图元之间距离的标注，如图 10-94 所示；

图 10-90　【求交】按钮

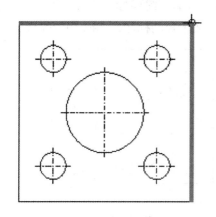

图 10-91　依次点选求交图元

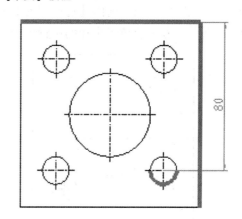

图 10-92

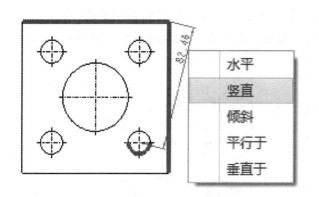

图 10-93　选择【竖直】选项

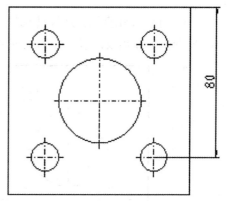

图 10-94　完成标注

（4）标注两条直线间角度：选择【选择图元】按钮，按住【Ctrl】键，依次点选需要标注求角度的两个直线图元，如图 10-95 所示，在需要放置角度尺寸的位置单击中建完成角度的标注，如图 10-96 所示；

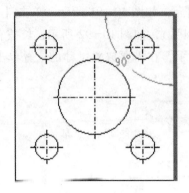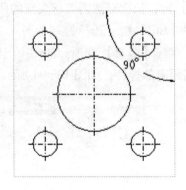

图 10-95　选择两条直线　　　　图 10-96　完成角度标注

（5）标注圆弧半径：选择【选择图元】按钮，→单击需要标注半径的圆弧或圆，如图 10-97 所示，在需要放置半径的位置单击中建完成半径的标注，如图 10-98 所示；

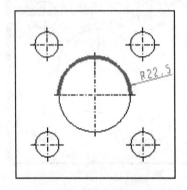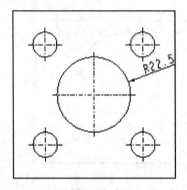

图 10-97　选择圆弧　　　　　　图 10-98　完成半径标注

（6）标注圆弧直径：选择【选择图元】按钮，双击需要标注直径的圆弧或圆，如图 10-99 所示，在需要放置直径的位置单击中建完成直径的标注，如图 10-100 所示。

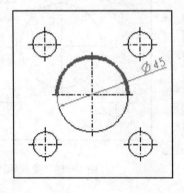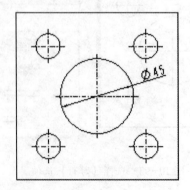

图 10-99　选择圆弧　　　　　　图 10-100　完成直径标注

2. 操作及选项说明

（1）【选择参考】工具栏在【选择参考】工具栏中有【选择图元】、【选择圆弧或圆的切线】、【选择边或图元的中点】、【求交】、【做线】选项，提供用户以标注不同图元和不同形式的尺寸。

（2）标注尺寸时，拖出动态尺寸后可以长按右键，弹出右键菜单，有【水平】、【竖直】、【倾斜】、【平行于】、【垂直于】多种选项可选。

（3）【修改尺寸属性】双击需要修改尺寸属性的尺寸，会弹出【尺寸属性】对话框，如图10-101的所示。在这里可以修改尺寸的属性、显示、文本样式。

（4）【整理尺寸】选中要整理的尺寸，长按右键弹出右键菜单，点选【清除尺寸】弹出【清除尺寸】对话框如图10-102所示。在这里可以设置【偏移】、【增量】等选项以整理尺寸的位置、间距等。

图10-101 尺寸属性

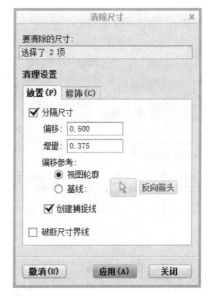

图10-102 清除尺寸

10.4.3 尺寸公差标注

1. 尺寸公差标注

为图10-103所示的视图标注尺寸公差，操作步骤如下：

（1）打开工程图prt10-4-3如图10-103所示，执行【文件】→【准备】→【绘图属性】→弹出【绘图属性】对话框，单击【绘图属性】对话框中【详细信息选项】中的【修改】选项，弹出【绘图选项配置】对话框，将【tol_display】选项值设置为【yes】；

（2）双击需要标注尺寸公差的尺寸【100】，弹出【尺寸属性】对话框，如图10-105所示。单击【属性】→在【公差】选项中设置【公差模式】为【加-减】，如图10-106所示，输入上公差【+0.02】，下公差【-0.01】→单击【确定】，生成带公差的尺寸如

图 10-104 所示。

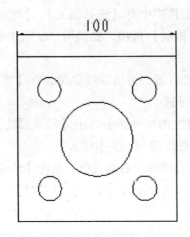
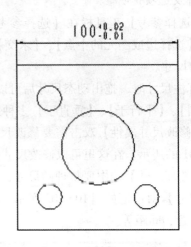

图 10-103　无公差尺寸　　　　　图 10-104　尺寸公差

图 10-105　尺寸属性图　　　　　图 10-106　尺寸属性公差模式

2. 操作及选项说明

公差模式：在【公差模式】选项中可以选择【公称】、【限制】、【加减】、【对称】等选项，以标注不同形式公差的尺寸，如果选择【公称】则不显示公差，只显示公称尺寸如图 10-103 所示。

10.4.4　基准符号标注

1. 平面基准标注

为图 10-107 所示的视图标注基准，操作步骤如下：

（1）打开需要创建基准标注的工程图文件 drw10-4-4，如图 10-107 所示，单击

【注释】图按钮展开【注释】工具栏;

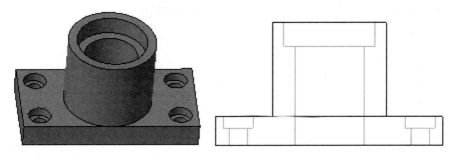

图 10-107 需要标注的工程图

(2) 单击【注释】工具栏中的【模型基准】后倒三角按钮,展开下拉图标,单击【模型基准平面】图标,如图 10-108 所示。弹出【基准】对话框,在【名称】选项中输入基准名称【A】,在【定义】选项中点选【在曲面上】,如图 10-109 所示。点选底板的下表面线,如图 10-110 所示;

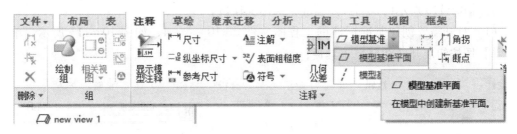

图 10-108 注释菜单

图 10-109 定义基准

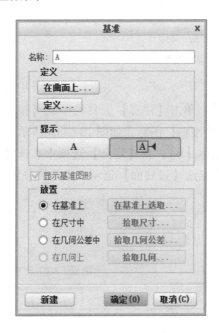

图 10-110 选择在基准上

（3）在【显示】中选择一种基准符号类型，在【放置】选项中选择【在基准上】，如图10-111所示。单击【确定】按钮，即生成基准如图10-112所示；

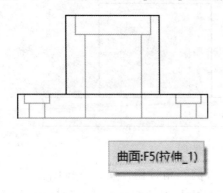

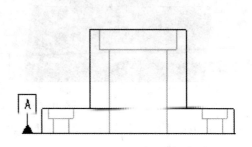

图10-111　选取下底面　　　　　　　　　图10-112　生成面基准A

2. 轴基准标注

为图10-113所示的视图标注基准，操作步骤如下：

（1）打开需要创建基准标注的工程图文件 drw10-4-4，如图10-113所示，单击【注释】图按钮展开【注释】工具栏；

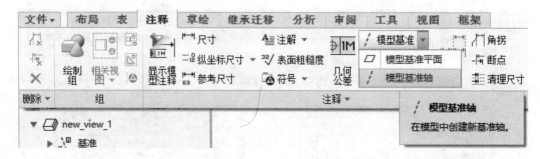

图10-113　注释菜单

（2）单击【注释】工具栏中的【模型基准】后倒三角按钮，展开下拉图标，→单击【模型基准轴】图标，如图10-113所示。弹出【基准】对话框。在【名称】选项中输入基准名称【B】，在【定义】选项中点选【定义】，弹出【基准轴】菜单，如图10-114所示。→点选【过柱面】选项，点选圆柱面，如图10-115所示；

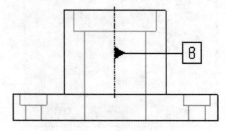

图10-115　选取大圆柱面　　　　　　　　图10-117　生成轴线基准B

（3）在【显示】中选择一种基准符号类型，在【放置】选项中选择【在基准上】，如图 10-116 所示。单击【确定】按钮，即生成基准如图 10-117 所示。

图 10-114　定义基准

图 10-116　选择在基准上

3. 操作及选项说明

（1）在创建基准时，在图 10-114 所示的【定义】选项中，如果没有可供放置基准符号的基准可选，可单击【定义】按钮，弹出定义基准的菜单管理器，利用它可以创建所需要的基准。

（2）基准可以在工程图视图中拭除（即不显示但是仍然存在），拭除后可以在绘图树中找到，通过右键菜单取消拭除。基准可以在工程图视图中拭除后系统不允许创建同名称的基准。只有将其从模型中删除后才可以创建同名称的基准。

（3）基准不可以在工程图视图中被删除，但可以在零件模块中被删除。如果一个基准被某个几何公差使用，则只有先删除该几何公差，才能删除该基准。

10.4.5　几何公差标注

1. 几何公差标注

为图 10-118 所示的视图标注几何公差，操作步骤如下：

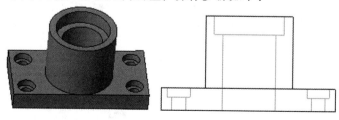

图 10-118　视图

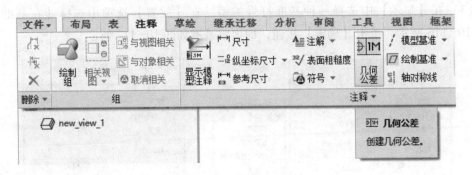

图 10-119　几何公差

（1）打开需要创建几何公差标注的工程图 drw10－4－5，如图 10-118 所示。单击【注释】图按钮展开【注释】工具；

（2）单击【几何公差】图标，如图 10-119 所示。弹出【几何公差】对话框，如图 10-120 所示；

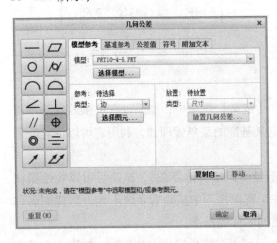

图 10-120　几何公差对话框

图 10-121　选择曲面

（3）单击【垂直度】图标，在【模型参照】的【参照类型】选项中选择【曲面】选项，如图 10-121 所示。选择视图中底板的左侧面，如图 10-122 所示；

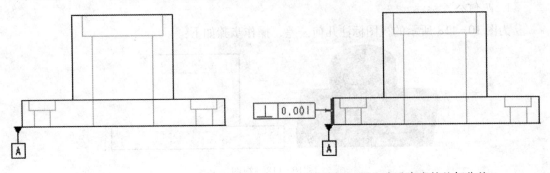

图 10-122

图 10-124　生成垂直度的几何公差

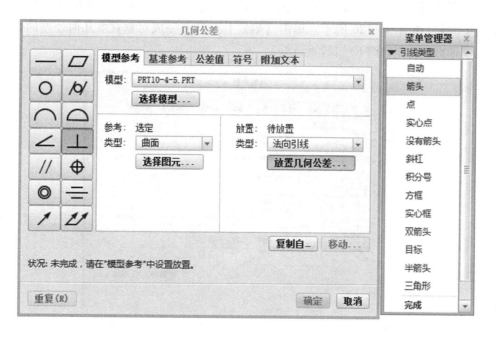

图 10-123　几何公差法向引线

（4）在【放置类型】选项中选择【法向引线】选项，弹出【引线类型】菜单，选择【箭头】选项，如图 10-123 所示。点选底板左侧面边，在放置几何公差的位置按下中键，生成垂直度的几何公差，如图 10-124 所示；

（5）单击【基准参照】按钮，展开下拉菜单，在【主要】选项中选择【基本】参照为【A】，如图 10-125 所示；

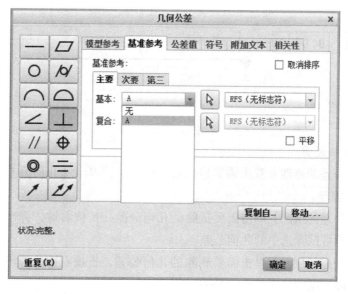

图 10-125　参照【A】

271

（6）单击【公差值】按钮，展开下拉菜单，在【公差值】选项中选择【总公差】输入值【0.02】，如图 10-126 所示。单击【确定】按钮，完成对垂直度几何公差的标注设置，生成垂直度公差如图 10-127 所示。

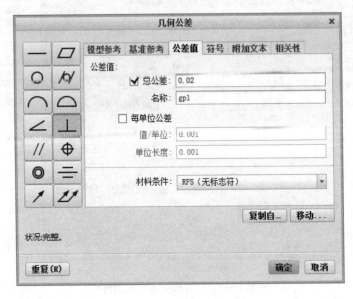

图 10-126　生成垂直度公差

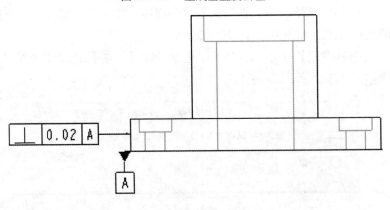

图 10-127

2. 操作及选项说明

（1）【几何公差的修改】双击需要修改的几何公差，弹出【几何公差】对话框，在这里进行几何公差修改。

（2）【几何公差的拭除】单击需要拭除的几何公差，长按右键，弹出右键菜单，选择【拭除】选项，即可拭除选中的几何公差。

（3）【几何公差的删除】单击需要删除的几何公差，长按右键，弹出右键菜单，选择【删除】选项，即可删除选中的几何公差。

（4）其余几何公差的创建与垂直度类似，在此不再赘述。

10.4.6　表面粗糙度标注

1. 表面粗糙度标注

为图 10-128 所示的视图标注表面粗糙度，操作步骤如下：

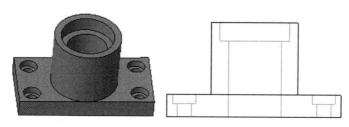

图 10-128　需要创建表面粗糙度的视图

（1）打开需要创建表面粗糙度的工程图文件 drw10-4-6，如图 10-128 所示，单击【注释】图按钮展开【注释】工具；

（2）单击【表面粗糙度】图标，如图 10-129 所示。→弹出【打开表面粗糙度符号文件】对话框，选择【machined】文件，如图 10-130 所示；

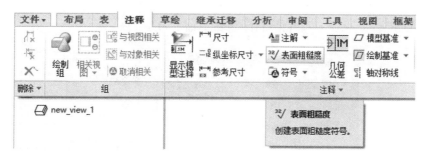

图 10-129　表面粗糙度工具条

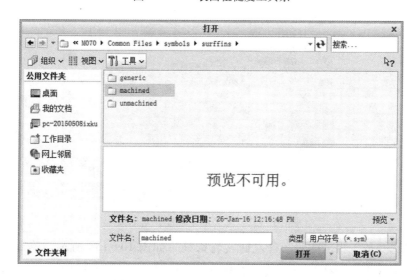

图 10-130　打开表面粗糙度符号文件

（3）单击【打开】，弹出下级【打开表面粗糙度符号文件】对话框，选择【standard1.sym】文件，如图 10-131 所示，打开之，弹出【表面粗糙度】对话框，在【放置】选项下【类型】选项中选择【垂直于图元】，如图 10-132 所示；

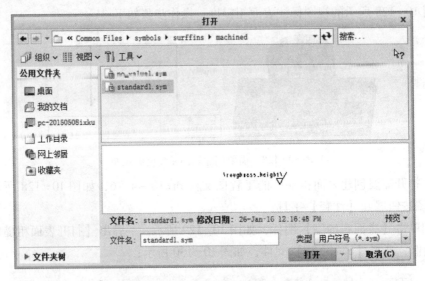

图 10-131　选择【standard1.sym】

图 10-132　【表面粗糙度】对话框

（4）点选要放置粗糙度的圆柱左回转轮廓线，如图 10-133 所示。单击【表面粗糙度】对话框中【可变文本】→在【roughness_ height】文本输入框中输入：3.2。在图框空白区单击鼠标中键，完成粗糙度的创建，如图 10-134 所示。

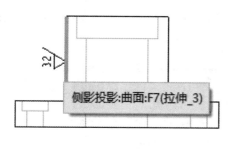

图 10-133 选择边界线

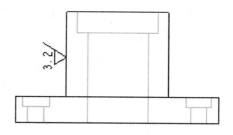

图 10-134 完成粗糙度标注

2. 操作及选项说明

（1）在以上第（4）步中，如果选择图 10-134 所示的尺寸，则可以根据系统提示标注放置在尺寸界线上的表面粗糙度。

（2）表面粗糙度的修改：双击需要修改的表面粗糙度，弹出【表面粗糙度属性】对话框，在这里进行表面粗糙度符号大小、表面粗糙度值等的修改。

（3）表面粗糙度的拭除：单击需要拭除的表面粗糙度，长按右键，弹出右键菜单，选择【拭除】选项，即可拭除选中的表面粗糙度。

（4）表面粗糙度的删除：单击需要删除的表面粗糙度，长按右键，弹出右键菜单，选择【删除】选项，即可删除选中的表面粗糙度。

10.4.7 工程图文本注释

1. 文本注释标注

为图 10-135 所示的工程图进行文本注释，操作步骤如下：

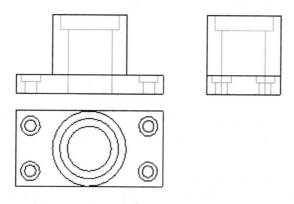

图 10-135 无文本工程图

（1）打开需要创建文本注释标注的工程图文件 drw10-4-7，如图 10-135 所示，单击【注释】图按钮展开【注释】工具；

（2）单击【注解】图标→【独立注解】图标，如图 10-136 所示。弹出【选择点】菜单，如图 10-137 所示。选择【在绘图上选择一个自由点】图标→在绘图区中要放置独立注解处单击左键→输入注释文本："技术要求"（单击【格式】菜单，弹出【格式】工具栏，在此可以设置注释内容的格式、字体、可以插入特殊符号等）→在空白处单击左键两次，退出注释的输入；

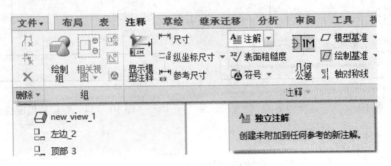

图 10-136　注释对话框

图 10-137　【选择点】菜单

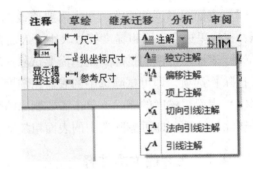

图 10-138　【注解】菜单

（3）同样的方式，输入技术要求内容，如图 10-139 所示。

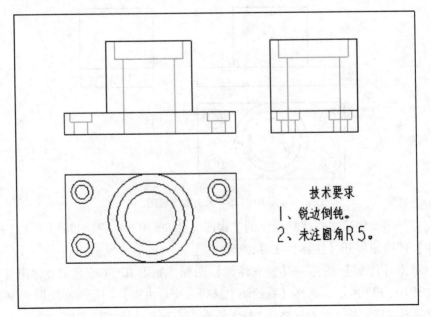

图 10-139　文本注释

2. 操作及选项说明

（1）在图10-138所示【注解类型】菜单中，如果选择【引线注解】选项，点选需要引出注解的图元或空白处的一点→在放置注解处单击中键，弹出输入框→在输入框中输入注解内容→在空白处单击两次退出注解的输入，创建带引线的注释，如图10-140所示；

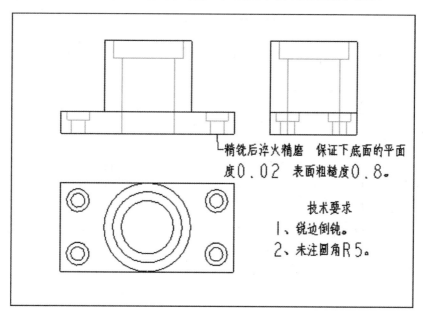

图10-140　带引线的注释

（2）【文本注释的修改】：双击需要修改的文本注释，单击【格式】菜单，弹出【格式】工具栏，在此可以设置注释内容的格式、字体、可以插入特殊符号等；

（3）【文本注释的拭除】：单击需要拭除的文本注释，长按右键，弹出右键菜单，选择【拭除】选项，即可拭除选中的文本注释；

（4）【文本注释的删除】：单击需要删除的文本注释，长按右键，弹出右键菜单，选择【删除】选项，即可删除选中的文本注释。

10.5　工程图表格创建

1. 表格的创建

为图10-141所示的工程图进行表格创建，操作步骤如下：

（1）打开需要创建表格的工程图文件drw10-5，如图10-141所示。单击【表】图标按钮展开【表】工具，如图10-142所示；

（2）单击【表】图标，弹出下拉菜单，如图10-143所示，单击【插入表】选项，弹出【插入表】对话框，设置【方向】选项：【标的增长方向：向左且向上】，设置【表尺寸】选项中【列数】为7，【行数】为4，在【行】选项中取消【自动高度调节】，设置【高度（MM）】为10，在【列】选项中设置【宽度（MM）】为18，如图10-144所示。

单击【确定】，弹出【选择点】菜单，选择【使用绝对坐标选择点】按钮，输入绝对坐标：X 值为 420，Y 值为 0，（此图幅为 A3）如图 10-145 所示。单击【确定】。在幅面右下角生成 4 行 7 列表格，如图 10-146 所示；

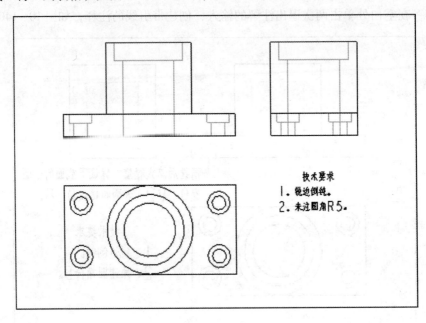

图 10-141　工程图

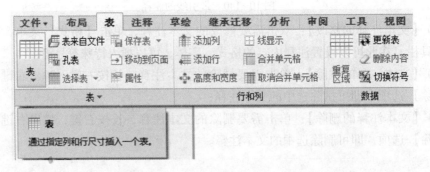

图 10-142　【表】工具栏

图 10-143

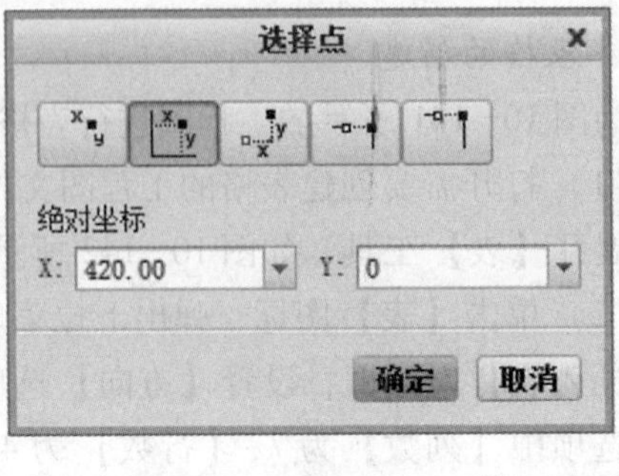

图 10-144

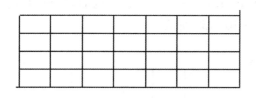

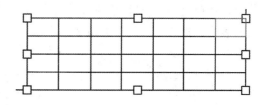

图 10-145   图 10-146

（3）单击表区域右上角单元格，如图 10-147 所示，单击【表】菜单中【行和列】工具栏中【高度和宽度】按钮 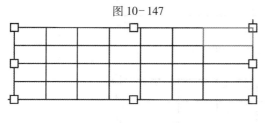 高度和宽度，弹出【高度和宽度】对话框在【列】选项中设置【宽度（MM）】为 28，如图 10-148 所示。单击【确定】，完成对第一列宽度的调整，如图 10-149 所示；

图 10-147   图 10-148

图 10-149   图 10-150

（4）同样的方法，调整第五列的宽度为 20，第六列的宽度 20，如图 10-150 所示；

（5）单击【行和列】工栏中的【合并单元格】按钮 合并单元格，弹出【表合并】

菜单，选择【行&列】选项（系统默认），如图 10-151 所示。→依次点选需要合并的相邻两表格，把表区域的右上角 2 个小格合并，如图 10-152 所示；

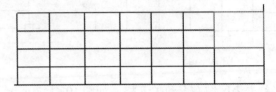

图 10-151　　　　　　　　　　　图 10-152　小格合并

（6）用同样的方法合并其余单元格，2 次单击中键，退出合并单元格，生成合并后的表格如图 10-153 所示；

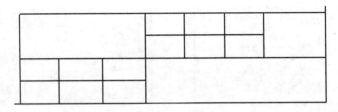

图 10-153　合并单元格

（7）双击要输入内容的单元格，如图 10-154 所示，输入文本内容："制图"，单击【格式】菜单展开下拉工具栏，单击【样式】工具栏右下角三角形按钮，弹出【文本样式】对话框，→选中要修改的文本，设置【字符】选项中【字体】为【font_ chinese_ cn】，【高度】为 7，【注释/尺寸】选项中【水平】选项为【中心】，【竖直】选项为【中间】如图 10-155 所示。单击【确定】，生成输入的文本，如图 10-156 所示；

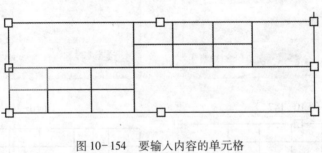

图 10-154　要输入内容的单元格

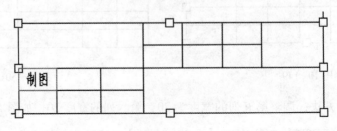

图 10-156　输入内容的标题栏

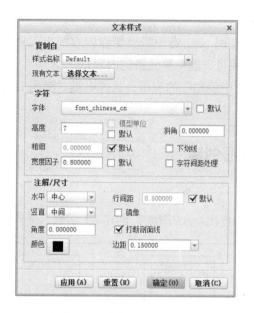

图10-155 文本样式设置

（8）用同样的方法，输入表格内容，生成完整的标题栏，如图10-157所示。

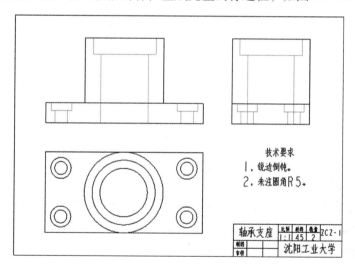

图10-157 完整的标题栏

2. 操作及选项说明

（1）【表格行和列的添加】单击【行和列】工栏中的【添加列】图标，可以在选定的竖线处添加列，单击【添加行】图标，可以在选定的横线处添加行；

（2）【表的复制与粘贴】选中要复制的表，长按右键，弹出右键菜单，选择【复制】可以对表进行复制和粘贴；

（3）【表的移动】选中要移动的表，当光标呈【十字型】时，移动鼠标可以移动表；

（4）【表的旋转】选中要旋转的表，长按右键，弹出右键菜单，选择【旋转】可以对表进行旋转；

（5）【单元格内容的删除】点击选中需要删除内容的单元格，长按右键，弹出右键菜单，选择【删除内容】选项可以删除单元格的内容；

（6）【表格的删除】选中要删除的表格，长按右键，弹出右键菜单，选择【删除】选项，即可删除选中的表格。

10.6　工程图图框创建

1. 工程图图框的创建

为图 10-158 所示的工程图（A3 图纸）创建 A3 图框，操作步骤如下：

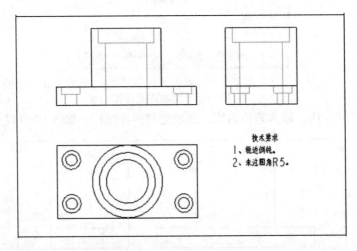

图 10-158　无图框的工程图

（1）打开需要创建图框的工程图文件 drw 10-6，如图 10-158 所示，单击【草绘】图标按钮展开【草绘】工具栏。

（2）单击【设置】工具栏中的【链】图标，如图 10-159 所示，单击【线】图标按钮，如图 10-160 所示，在绘窗区任一位置长按右键，弹出右键菜单，点选【绝对坐标】选项，弹出【输入绝对坐标】对话框，如图 10-161 所示。

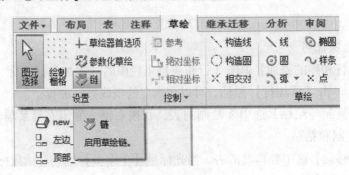

图 10-159　草绘工具栏

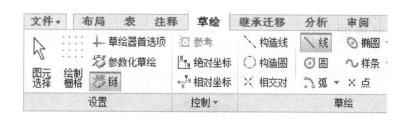

图 10-160　线图标

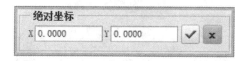

图 10-161　绝对坐标输入

（3）输入绝对坐标：X 为 10，Y 为 10，单击【接受值】（确定）按钮，再次长按右键，弹出右键菜单，点选【绝对坐标】选项，输入第二个角点的绝对坐标：X 为 410，Y 为 10，单击【接受值】（确定）按钮，输入第三个角点的绝对坐标：X 为 410，Y 为 287，单击【接受值】（确定）按钮，输入第四个角点的绝对坐标：X 为 10，Y 为 287，单击【接受值】（确定）按钮，输入第五个角点的绝对坐标：X 为 10，Y 为 10，单击中键结束图框的绘制，生成 A3 图框如图 10-162 所示。

2. 操作及选项说明

其余操作与选项不太常用，在这里不再叙述。

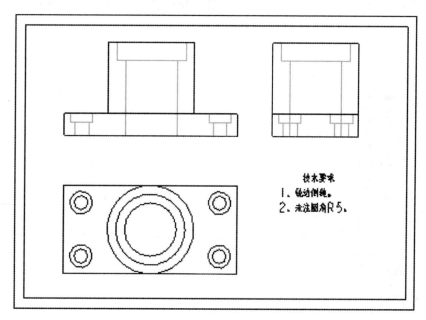

图 10-162　生成 A3 图框

10.7 工程图范例

本范例将为如图10-163所示的三维模型创建如图10-162所示的完整工程图。

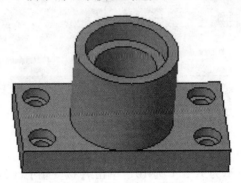

图10-163 三维模型

1. 创建工程图文件

操作步骤如下：

打开三维模型文件prt10-7，如图10-163所示。执行【文件】→【新建】，弹出【新建】对话框，输入名称：drw10-7，不勾选【使用缺省模板】，如图10-164所示，单击【确定】，→弹出【新建绘图】对话框，选择缺省模型【prt10-7.prt】，在【指定模板】选项中选择【空】选项，在【方向】选项中选择【横放】，图纸大小选择【A3】，如图10-165所示。单击【确定】进入工程图绘制界面。

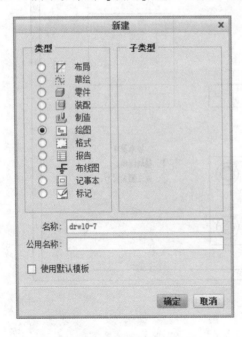

图10-164 新建工程图   图10-165 工程图模板选择

2. 创建视图

操作步骤如下：

（1）单击【布局】图标→单击【模型视图】工具栏中的【常规视图】图标。弹出【选择组合状态】对话框→选择【无组合状态】→单击【确定】→在绘图区图框中需要放置一般视图的位置单击左键，自动生成着色状态的斜轴测视图，弹出【绘图视图】对话框，如图10-166所示；

（2）在【类别】选项中点选【视图类型】，在【视图方向】选项中【选取定向方法】选项中选择【查看来自模型的名称】（系统默认），在【模型视图名】中单击选择【FRONT】视图作为一般视图，单击【应用】按钮；

（3）在【类别】选项中点选【比例】，在【比例和透视图选项】选项中选择【定制比例】，输入合适的比例【1】，单击【应用】按钮；

（4）在【类别】选项中点选【视图显示】，在【显示样式】选项中选择【消隐】，在【相切边显示样式】选项中选择【无】，如图10-167所示，单击【确定】按钮，即在绘制区生成所需的一般视图，如图10-168所示；

图10-166　绘图视图对话框

图10-167　视图显示样式

（5）单击【布局】图标→单击【模型视图】工具栏中的【投影视图】图标，在主视图的右侧单击左键，生成着色状态的左视图，双击左视图，弹出【绘图视图】对话框，修改【显示样式】为【隐藏线】，修改【相切边显示样式】为【无】，单击【确定】按钮，即生成所需的左视图，如图10-169所示；

（6）用同样的方法，可以创建俯视图，如图10-170所示；

（7）双击主视图，弹出【绘图视图】对话框，在【类别】选项中点选【截面】，在【截面选项】中选择【2D横截面】，单击【添加剖面】（加号）按钮，在【名称】选项中选择之前已创建的截面：【A】，如图 10-171 所示；

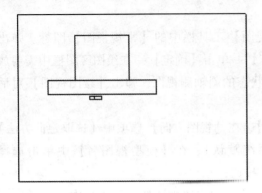

图 10-168　一般视图

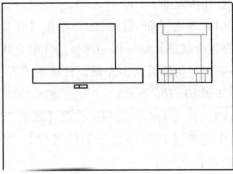

图 10-169　投影左视图

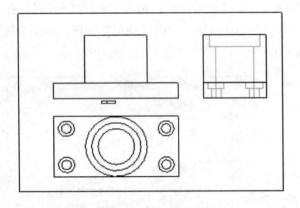

图 10-170　创建俯视图

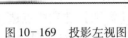

图 10-171　截面选择

（8）在【剖面区域】选项中选择【完全】，单击【箭头显示】选项下方的工具条，点选俯视图作为剖切箭头的显示视图→单击【确定】按钮，即生成所需的阶梯剖视图和剖切箭头，如图 10-172 所示。

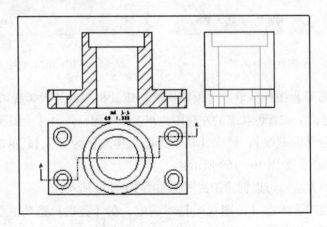

图 10-172　阶梯剖视图和剖切箭头

3. 标注尺寸

（1）单击【注释】图按钮展开【注释】工具栏，单击【注释】工具栏中的【显示模型注释】图标，弹出【显示模型注释】对话框，点选【显示模型基准】按钮，在【类型】选项中选择【轴】，如图 10-173 所示。点选需要显示轴线的主视图，点选需要显示的轴线，如图 10-174 所示。单击【确定】，完成主视图中轴线的显示。用选中后拖动的方法调整主视图中轴线的长度，点选主视图下方的视图名称注释，长按右键，在右键菜单中点选【删除】选项，删除之，如图 10-175 所示。

图 10-173　选择类型为轴

图 10-174　选中轴线

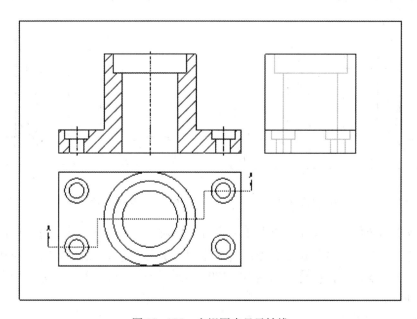

图 10-175　主视图中显示轴线

（2）用（1）中的方法显示其他两个视图中的轴线，如图10-176所示。

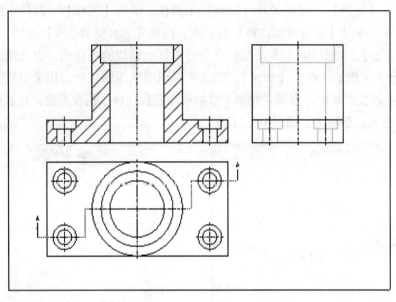

图10-176　三个视图中显示轴线

4. 标注尺寸

（1）单击【注释】后展开【注释】工具栏，单击【注释】工具栏中的【尺寸】图标，弹出【选择参考】菜单（此时系统默认选择【选择图元】选项），选择【选择图元】按钮，按住【Ctrl】键，依次点选需要标注距离的圆柱左右两个轮廓边线，如图10-177所示，在需要放置尺寸的位置单击中建完成两图元之间距离的标注，如图10-178所示。

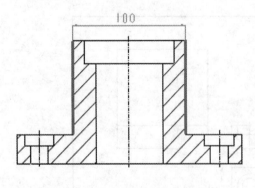

图10-177　选择圆柱回转轮廓线

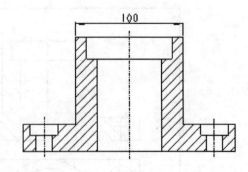

图10-178　标注出线性尺寸

（2）双击需要修改的尺寸，弹出【尺寸属性】对话框，单击【显示】，单击【前缀】输入框，单击【文本符号】按钮，弹出【文本符号】选择框，点选【Φ】，即在【前缀】选项中输入【文本符号】【Φ】，如图10-179所示。单击【确定】，生成修改后的尺寸如图10-180所示。

（3）使用类似方法，标注其余所需尺寸，如图10-181所示。

图 10-179　输入【文本符号】

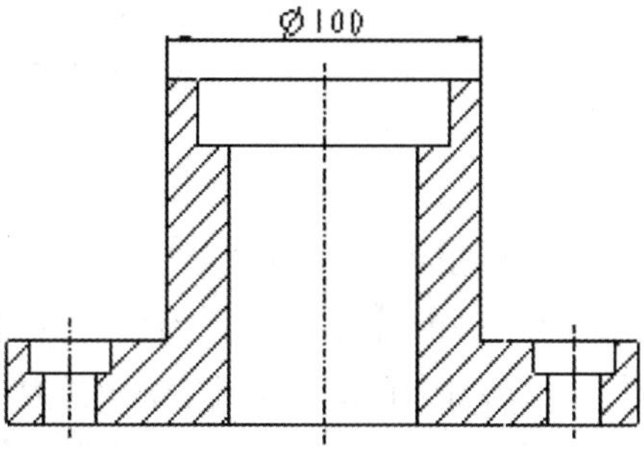

图 10-180　修改后的尺寸

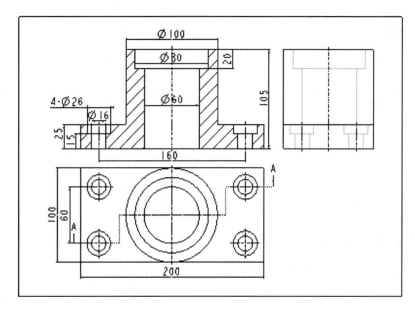

图 10-181　标注其余所需尺寸

5. 标注几何公差

（1）单击【注释】图按钮，展开【注释】工具栏，单击【注释】工具栏中的【模型基准】后倒三角按钮，展开下拉图标，单击【模型基准平面】图标，弹出【基准】对话框。在【名称】选项中输入基准名称【A】，在【定义】选项中点选【在曲面上】。点选底板的下表面线，在【类型】中选择基准符号类型，在【放置】选项中选择【在基准上】。单击【确定】按钮，即生成面基准如图 10-182 所示。

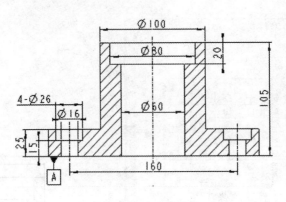

图 10-182　生成基准

（2）单击【几何公差】图标，弹出【几何公差】对话框，如图 10-183 所示。

（3）单击【垂直度】图标，在【模型参照】的【参照类型】选项中选择【轴】选项，选择视图中竖放圆柱表面的轴线。在【放置类型】选项中选择【法向引线】选项，如图 10-184 所示。弹出【引线类型】菜单，选择【箭头】选项，点选竖圆柱轴线，在放置几何公差处单击中键，生成垂直度的几何公差。

图 10-183　几何公差对话框　　　　　　　　图 10-184　设置垂直度放置位置

（4）单击【基准参照】按钮，展开下拉菜单，在【主要】选项中选择【基本】参照为【A】。单击【公差值】按钮，展开下拉菜单，在【公差值】选项中选择【总公差】输入值【0.001】，单击【确定】按钮，完成对垂直度几何公差的标注设置，生成垂直度公差如图 10-185 所示。

6.标注表面粗糙度

（1）单击【注释】图按钮展开【注释】工具，单击【表面粗糙度】图标，弹出【打开表面粗糙度符号文件】对话框，选择【machined】文件，单击【打开】，弹出下级【打开表面粗糙度符号文件】对话框，选择【standard1.sym】文件，打开之，弹出【表面粗糙度】对话框，在【放置】选项下【类型】选项中选择【垂直于图元】。点选要放置粗糙度的主视图中圆柱面左侧回转边界线，单击【表面粗糙度】对话框中【可变文本】→在【roughness_ height】文本输入框中输入：3.2。在图框空白区单击鼠标中键，完成粗糙度的创建，如图10-186所示。

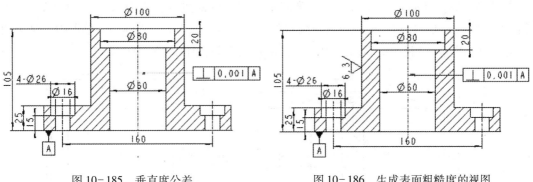

图10-185 垂直度公差 　　　　　　　　图10-186 生成表面粗糙度的视图

（2）用类似的方式，标注其他表面粗糙度，如图10-187所示。

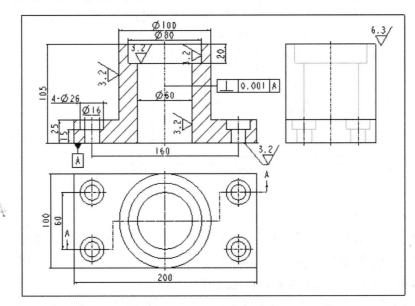

图10-187 标注其他表面粗糙度

7. 创建图框

（1）单击【草绘】图标按钮展开【草绘】工具栏。单击【设置】工具栏中的【链】图标，单击【线】图标按钮，在绘窗区任一位置长按右键，弹出右键菜单，点选【绝对坐标】选项，弹出【输入绝对坐标】对话框，如图10-188所示。

图10-188 输入绝对坐标

（2）输入绝对坐标：X 为 25，Y 为 5，单击【接受值】（确定）按钮，再次长按右键，弹出右键菜单，点选【绝对坐标】选项，输入第二个角点的绝对坐标：X 为 415，Y 为 5，单击【接受值】（确定）按钮，输入第三个角点的绝对坐标：X 为 415，Y 为 292，单击【接受值】（确定）按钮，输入第四个角点的绝对坐标：X 为 25，Y 为 292，单击【接受值】（确定）按钮，输入第五个角点的绝对坐标：X 为 25，Y 为 5，单击中键结束图框的绘制，生成 A3 图框，调节各视图位置使布局合理，如图 10-189 所示。

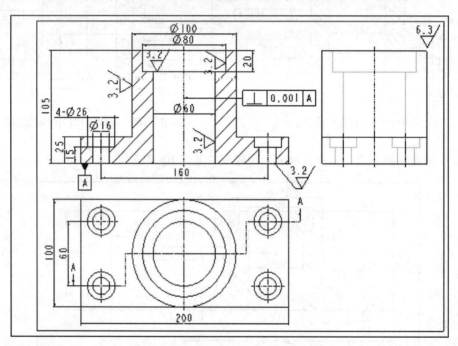

图 10-189　生成 A3 图框

8. 创建技术要求

（1）单击【注释】图按钮展开【注释】工具。单击【注解】图标，【独立注解】图标，弹出【选择点】菜单。选择【在绘图上选择一个自由点】图标，在绘图区中要放置技术要求处单击左键，输入注释文本："技术要求"。

（2）单击【Enter】键，继续输入下一行："1、锐边倒钝"，再单击【Enter】键，继续输入下一行 "2、保证加工精度"，完成所有输入后，在空白处单击左键两次，退出注释的输入，生成的技术要求如图 10-190 所示。

（3）用同样的方式，注解其余本文，如图 10-191 所示。

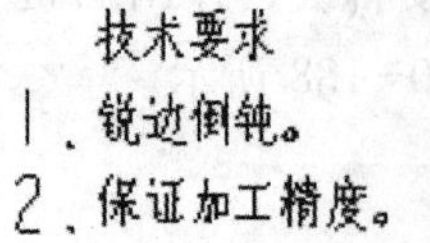

技术要求
1. 锐边倒钝。
2. 保证加工精度。

其余 6.3 ▽

图 10-190　技术要求 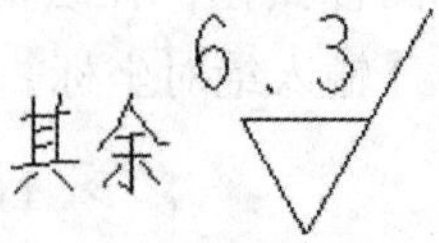　　　　　图 10-191　注解其余本文

9. 创建标题栏

用本教材 10.5 节中同样的方法，创建标题栏，如图 10‑192 所示。最终生成的完整工程图如图 10‑193 所示。

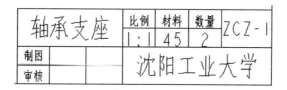

图 10‑192 创建标题栏

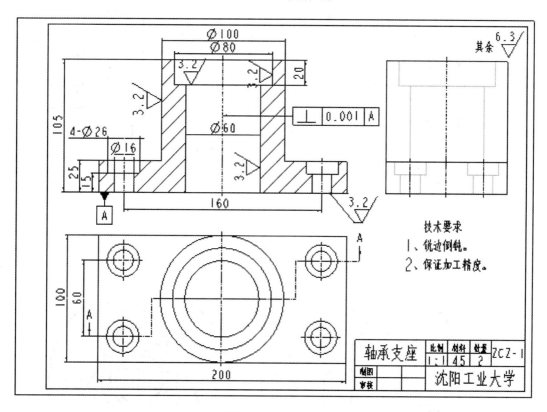

图 10‑193 工程图

10.8 习题

1. 根据如图 10‑194 所示的视图零件，创建三维模型和工程图。
2. 根据如图 10‑195 所示的视图零件，创建三维模型和工程图。
3. 根据如图 10‑196 所示的视图零件，创建三维模型和工程图。
4. 根据如图 10‑197 所示的视图零件，创建三维模型和工程图。
5. 根据如图 10‑198 所示的视图零件，创建三维模型和工程图。

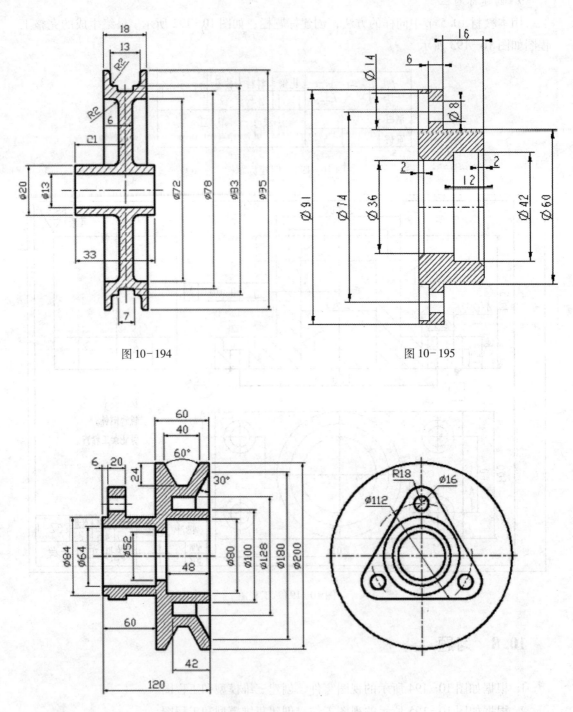

图 10-194

图 10-195

图 10-196

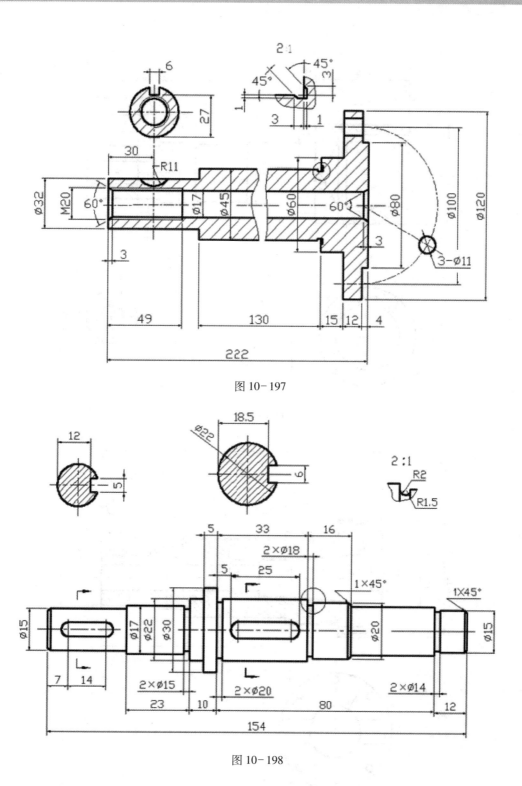

图 10-197

图 10-198

6. 根据如图 10-199 所示的视图零件，创建三维模型和工程图。
7. 根据如图 10-200 所示的视图零件，创建三维模型和工程图。

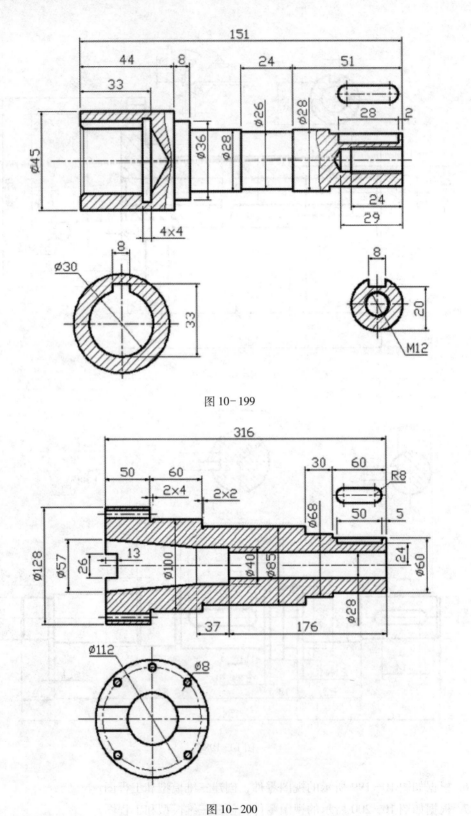

图 10-199

图 10-200

8. 根据如图 10-201 所示的视图零件，创建三维模型和工程图。

9. 根据如图 10-202 所示的视图零件，创建三维模型和工程图。

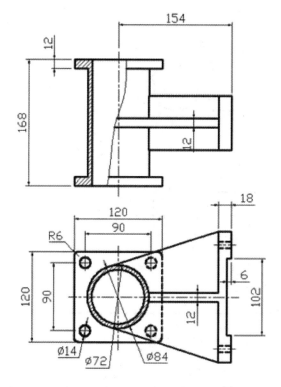

图 10-201

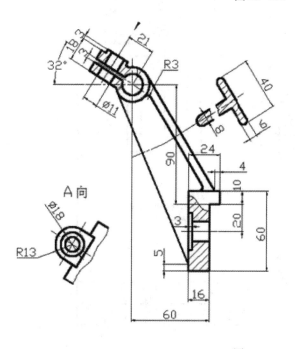

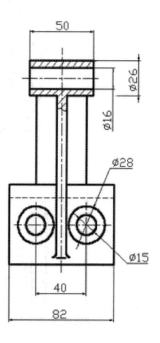

图 10-202

10. 根据如图 10-203 所示的视图零件，创建三维模型和工程图。

11. 根据如图 10-204 所示的视图零件，创建三维模型和工程图。

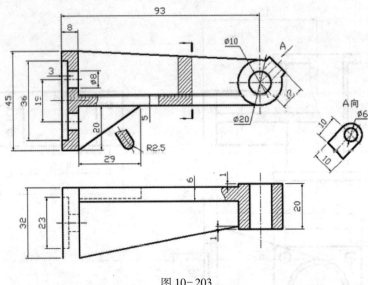

图 10-203

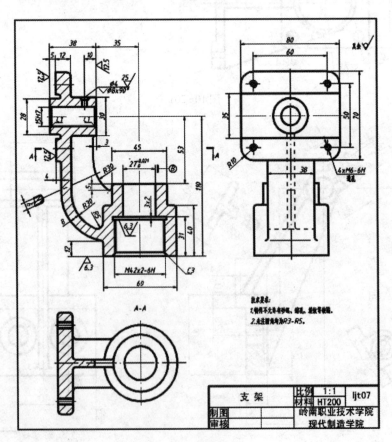

图 10-204

12. 根据如图 10-205 所示的视图零件，创建三维模型和工程图。

13. 根据如图 10-206 所示的视图零件，创建三维模型和工程图。

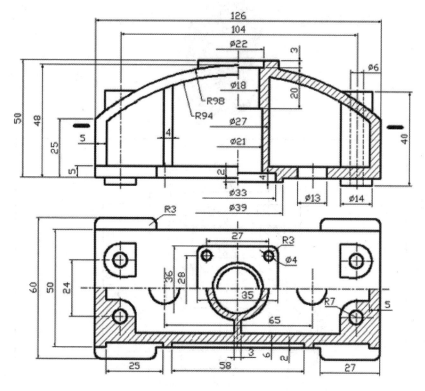

图 10-205

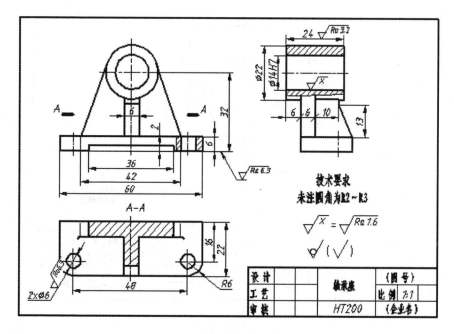

图 10-206

14. 根据如图 10-207 所示的视图零件，创建三维模型和工程图。

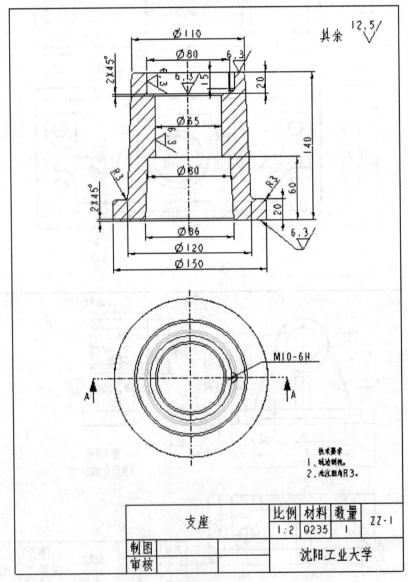

图 10-207